城市设计基础

建筑师和规划师的手册

［英］罗伯·考恩（Rob Cowan） 著

卢峰 蒋敏 译

U0195922

中国建筑工业出版社

著作权合同登记图字：01-2022-5119号

图书在版编目（CIP）数据

城市设计基础：建筑师和规划师的手册/（英）罗伯·考恩（Rob Cowan）著；卢峰，蒋敏译. —北京：中国建筑工业出版社，2023.12

书名原文：Essential Urban Design——A Handbook for Architects，Designers and Planners

ISBN 978-7-112-29269-1

Ⅰ.①城… Ⅱ.①罗…②卢…③蒋… Ⅲ.①城市规划—建筑设计 Ⅳ.①TU984

中国国家版本馆CIP数据核字（2023）第190041号

责任编辑：张鹏伟　程素荣　　责任校对：王　烨

城市设计基础
建筑师和规划师的手册
［英］罗伯·考恩（Rob Cowan）　著
卢峰　蒋敏　译

*

中国建筑工业出版社出版、发行（北京海淀三里河路9号）

各地新华书店、建筑书店经销

北京锋尚制版有限公司制版

天津裕同印刷有限公司印刷

*

开本：889毫米×1194毫米　1/20　印张：10⅘　字数：218千字

2024年6月第一版　　2024年6月第一次印刷

定价：**98.00**元

ISBN 978-7-112-29269-1

（41906）

版权所有　翻印必究

如有内容及印装质量问题，请联系本社读者服务中心退换

电话：（010）58337283　QQ：2885381756

（地址：北京海淀三里河路9号中国建筑工业出版社604室　邮政编码：100037）

目　录

作者简介

　　罗伯·考恩（Rob Cowan）是一位作家、编辑、演说家、顾问、漫画家、插画家和词典编纂者。他是历史建筑保护研究所主办的*Context*杂志的主编，也是*Town and Country Planning*的主编，住房杂志*Roof*的编辑，以及*Architects' Journal*杂志的副主编。他的著作包括：*The Dictionary of Urbanism*、*By Design*（英国政府开创性的城市设计指南，与Kelvin Campbell合著）、*Designing Places*、*Urban Design Guidance*，以及*London After Dark*（与摄影师Alan Delaney合著）。多年来，考恩负责皇家城市规划学会的城市设计大师班课程，提出了Placecheck方法，是城市设计小组（Urban Design Group）的第一任负责人，他还录制了Plandemonium系列的在线视频。

致　谢

　　我非常感谢我的好朋友Robert Huxford，他是Urban Design Group和城市设计的无名英雄之一，感谢他对本书的慷慨帮助。同时，向Scott Adams, Cany Ash, Peter Barber, John Baulch, Juliet Bidgood, Phil Bonds, Gareth Bonsor, Tony Burton, Alexis Butterfield, Kelvin Campbell, Taylor Carik, Sarah Cary, Fergus Carnegie, Michele Champagne, David Chapman, John Dales, Tim de Boer, Neil Deely, Roger Evans, Nicholas Falk, Daisy Froud, Richard Guise, Stuart Gulliver, Rumina Haji-White, Leo Hammond, David Harrison, Sarah Jenkinson, Brian Q. Love, Chris Martin, Joel Mills, Hugo Nowell, Sridevi Rao, Paul Reynolds, Alex Rook, David Rudlin, Robert Sakula, Hilary Satchwell, Chris Sharpe, Richard Simmons, Katja Stille, Tim Stonor, Chris Twinn, Marcus Wilshere 和Matthias Wunderlich致以诚挚的感谢。

致Liz, Jess和Andy

第1章
场所、先驱和实践者

引言

　　城市设计关注三个问题：我们对这个场所有何认知？这个场所会如何变化？谁会从变化中受益？我们通过评估报告、任务书、政策、导则、战略规划、总体规划和开发项目来思考上述问题，而每个场景下的规划和设计过程都涉及很多人，包括编制地方规划政策和导则的当地政府机构、评估规划提案质量的规划官员，引领政治风向并制定规划决策的议员，申请规划许可的申请人和他们的设计团队，当地的社区居民和居民代表，以及各类专业人员（城市设计师、建筑师、规划师、景观设计师、调研人员、道路工程师和建筑保护者）。广义而言，他们都是城市设计师，这本书为他们而写。

　　在本书撰写期间，英国政府正着手开展一次重大的规划体系改革，希望能够在放松政府管控的同时，通过设计规范提升水准。尽管还需要几年时间才能知道其成效如何，最新版的政府规划政策框架和在线的规划实践导则为我们展示了一些改革进展。在这里，我们专注于城市设计的要素。第1章（场所、先驱和实践者）讲述了城市设计理念的发展历程；第2章（八个设计目标及其实现方法）介绍了相关理念的实际应用；第3章（环境、特征及品质）解释了为何应用这些理念需要基于对场所的理解，以及如何评价最终的成果；第4章（政治、合作与地方当局的角色）关注城市设计和它的政策环境；第5章（战略性城市设计与总体规划）展示了大尺度的城市设计工作。

书名中包含了什么？

　　首先是定义。城市设计既是城市、城镇和村落发展的土地利用规划的一部分，也是构建其物质形态的过程。也许你会问：这不是和规划的定义一样吗？如果所讨论的规划过程关注开发项目的物质形态而不仅仅是土地利用的话，确实如此。然而，规划常常缺少对这一维度的关注，城市设计也因此发展成为独立的设计领域。

　　"城市设计"这一术语存在两个容易让人误解的地方。第一个是"城市"这个词，它使人们联想到城镇中的建设，但城市设计关注所有尺度的环境，也包括村落和乡村。第二个是"设计"这个词，它使人联想到建筑师和景观设计师的工作，而非场所营造所涉及的更加广泛的专业技能和实践。

如果说"城市设计"是一个存在如此多问题的术语，为什么还要使用它呢？首先是因为至少在专业领域，它已经成为一种约定俗成的表达。人们对一个术语越熟悉，越不太会去深究构成它的两个词语的含义。尽管它确实会误导一些对该领域不熟悉的非专业人士，但似乎也很难找到更合适的表达方式来替换它。事实上，也有过一些尝试，例如"场所营造"（place making）就已被相当广泛地用作城市设计的另一种表达方式，然而最近由于它与一些有争议的公共住房改造项目的关联，导致它被赋予了一些负面含义。"城市设计"这一术语并未因此而失去其本意，对专业人士而言也是一个方便好用的术语。没有一个简单、抽象的术语可以向外行传达这个复杂主题所涉及的内容。

城市设计师分析场所，制定政策和导则，编制总平面和设计导则，评审建筑方案的质量，设计开发项目和空间，其工作涉及从区域到单体建筑的所有尺度。我们今天所认知的城市设计，是通过人们的努力演变而来的。他们热衷于寻找了解场所的实用方法、带来变化，并确保合适的人从中受益。通过这些先驱们的故事，我们能够追溯本书概述的知识、方法和运动的发展轨迹。

图1.1 《建筑十书》与建筑的基本原则

图1.2 维特鲁威　图1.3 亨瑞·沃顿爵士

城市设计的先驱们

如果城市设计是答案的话，那么问题是什么？也许是"如何创造一个成功的场所"。

公元前1世纪，罗马作家、建筑师和工程师马尔库斯·维特鲁威·波利奥（Marcus Vitruvius Pollio，通常称维特鲁威）在他的专著《建筑十书》中定义了建筑的三个基本原则："firmitatis, utilitatis, venustatis"（图1.1，图1.2），此后，人们一直在解读这些术语。最著名也是最广为流传的是亨瑞·沃顿爵士（Sir Henry Wotton）（图1.3）在1624年基于古词的译本："实用（commoditie）、

3

坚固（firmenes）、愉悦（delight）"。坚固和愉悦与建筑的关系很容易理解，而"commoditie"通常被理解为"有用性"（usefulness）。其后在1670年代，克里斯托弗·雷恩爵士（Sir Christopher Wren）（图1.4）将建筑的原则界定为"美观、坚固和便利"。2001年，建造业委员会（Construction Industry Council）基于上述三个概念构建了一套建筑性能指标体系，将它们译为当代行业术语，分别是"功能、建筑质量和影响"。

图1.4 克里斯托弗·雷恩爵士

许多作家都曾以这样或那样的方式使用这三个术语来描述城市设计的原则。是什么造就了一个成功的场所？就是满足需求、建造精良、令使用者和参观者感到愉悦。这是一个好的开端，但我们需要一套标准来帮助我们设计成功的场所，并向他人解释我们想要实现的目标。

回顾19世纪能帮助我们了解城市设计相关理念的发展，激烈的争论围绕着建筑风格和城镇未来发展两个议题展开。在1836年出版的《对比》（Contrasts）一书中，建筑师和设计师奥古斯塔斯·普金（Augustus Pugin, 1812~1852）（图1.5）将当代城镇建筑的低劣和中世纪哥特风格的卓越进行了对比。1842年，他写道，重塑教堂建筑是一项"如同从异教徒手中拯救圣地"[1]般野心勃勃的事业。他对哥特式建筑的广泛使用产生了重大影响；他因与查尔斯·巴里（Charles Barry）合作设计了英国议会大厦（Houses of Parliament）而著名，尽管他认为他（普金式）的哥特式细节只是对古典建筑的装饰。

图1.5 奥古斯塔斯·普金

作家、社会评论家、艺术和建筑批评家约翰·拉斯金（John Ruskin, 1819~1900）（图1.6）和普金一样，是一位倡导将哥特式建筑用于重要建筑的颇具影响力的人物，同时也是一位工业化生产、特别是建筑工业化的激烈反对者。拉斯金的作品不仅启发了建筑师，还影响了一代社会改革家。

图1.6 约翰·拉斯金

奥克塔维亚·希尔（Octavia Hill, 1838~1912）（图1.7）是一位涉及社区发展诸多领域的先驱。她发展了社会住房（用于社会公益而非营利性质）、住房管理（履行业主的职责）和社会工作（支持人们改善他们的生活），她还参与了争取开放空间的社会运动。她的事业始于管理约翰·拉斯金购置的用于安置非技术劳工的三处房产。她的案例展示了这类住房应当如何基于业主的利益开展管理，也展示了如何通过支持租户的生活、工作和教育来帮助他们摆脱贫困。最终，她

图1.7 奥克塔维亚·希尔

管理运营了上千座住房。她坚定地相信城市的贫困者需要休息、娱乐、散步和度日的场所，这使她成为国家信托的三位创始人之一，致力于保护开放空间和具有历史意义的濒危建筑。

图1.8　威廉·莫里斯

威廉·莫里斯（William Morris, 1834 ~ 1896）（图1.8）是一名作家、设计师和社会运动家，提倡在建筑中使用手工艺，鼓励人们热爱他们的工作，并且支持修建新的小型社区。他和拉斯金发起了工艺美术运动，该运动兴起于英国并兴盛于1875 ~ 1915年，是对19世纪工业化的非人性化影响的回应。

工艺美术运动与其说是一种美学，不如说是一种伦理，至少在最初是这样。它在建筑方面的主张致力于复兴传统建筑和工艺技能，使用当地的材料，并从当地建筑语汇（vernacular）中寻求灵感。后来的工艺美术运动的设计师和建筑师更多地将其视为一种美学，同时仍然提倡高标准的工艺和来自本土建筑的灵感。20世纪前十年，这场运动对城市景观产生了巨大的影响。在20世纪20年代和30年代的两次世界大战之间，投机建筑商和地方住房当局采用了这种方式，将具有歇山屋顶（hips and gables）、半木结构（half-timbering）、毛坯墙、铅制窗户（leaded windows）和瓷砖拱门（tile-formed arches）等特征的工艺美术打造成一种真正流行的风格。

图1.9　埃比尼泽·霍华德爵士

埃比尼泽·霍华德爵士（Sir Ebenezer Howard, 1850 ~ 1928）（图1.9）是田园城市运动的奠基人。他著名的未来城市图示，展示的更多地是他的思想，而非布局或建筑风格（图1.10）。霍华德被认为是城市规划的创始人，尽管他真实的目标意图要更加雄心勃勃：在英国推行一项切实可行的社会经济改革。霍华德梦想构建一个基于合作的社会，他相信乡村中的田园城市将吸引来自旧城的居民，使其人口密度下降，从而使它们有可能依据田园城市被重新规划。田园城市将完美融合理想的乡村生活和城市生活，并且回避二者的缺点（图1.11）。每一座永久产权的田园城市都将被集体拥有，因此，伴随城市建设而增长的土地价值将被作为社区的财富而累积，而不会被土地拥有者、开发商和投机者攫取，集体产权也将允许在那个规划体系诞生前的时代进行规划控制（图1.12）。

奥地利城市设计理论家、建筑师和规划师卡米洛·西特（Camillo Sitte, 1843 ~ 1903）（图1.13）是城镇景观方法的创始人，他基于自己在城市中穿行时的认知经验总结了城市设计原则。他在1889年出版的《遵循艺术原则的城市设计》（*City*

图1.10 埃比尼泽·霍华德的未来城市图示

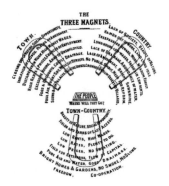

图1.11 埃比尼泽·霍华德的三大磁石

图1.12 埃比尼泽·霍华德的《明日的田园城市》(1898)

Plowning According to Artistic Principles)一书中阐释了他的观点[2]，该书的诞生在一定程度上源于维也纳一座新建教堂所引发的争议。西特认为纪念碑和公共建筑不应被动地置于空间，而应利用空间的边界来界定它们。公共空间应该像一栋住房的房间：用以生活，而不是被胡乱塞满。中世纪的城市拥有他认可的品质，例如不规则性，同时他也相信现代设计师应当超越它们。西特不仅关注城市空间看起来怎么样，也关注功能的混合如何赋予街道和空间以生命力。

西特写道："我们有三种主要的城市规划方法：格网体系、放射状体系和三角形体系。从艺术的角度而言，以上任何一种形式都不理想，因为它们毫无艺术气息。"与此相反，他认为城市应当由具有艺术天赋的人来规划和设计。

图1.13 卡米洛·西特

住房改革家、建筑师、城镇规划的先锋，雷蒙德·昂温爵士（Sir Raymond Unwin, 1863～1940）（图1.14）赞同西特的观点，但在拉斯金和莫里斯的社会主义的启发下，他有着更加广阔的视野。他在1909年的著作《城镇规划实践：城郊设计艺术的简介》(*Town Planning in Practice: An Introduction to the Art of Designing Cities and Suburbs*)中的描述与当前英国的情况很像。他写道，"当地的政府机构只能眼睁睁地看着大量土地接连被建筑覆盖，而没有给开放空间、学校或是任何其他公共需求留有余地。业主最关心的事、通常也是他们唯一关心的事，就是通过尽可能多地在用地上堆放建筑，从而为他最大限度地争取建设量或是租金。"[3]

和他的建筑、规划设计搭档巴利·帕克（Barry Parker, 1867～1947）一起，

图1.14 雷蒙德·昂温爵士

昂温成为工艺美术运动的拥护者，并担任第一座田园城市莱奇沃斯（Letchworth）和汉普斯泰德公园（Hampstead Garden）的设计师。务实的他在意识到没有什么对城市发展形态的影响能比政府对住房的法规和规划更大之后，他成为一名公务员。然而，最重要的还是美学。昂温在《城镇规划实践》中写道，"美是一种难以捕捉的品质，它无法被简单地定义，并非努力就可以获得，但它却是所有好作品的必备要素。"他说，最好的公共艺术不是装饰，而是通过装饰所传达的某种东西。"当生活和生活的乐趣通过那些为满足相应需求而创造的外显的完美形式中得到表达时，美就诞生了。"

在城市环境中，创造美或是将美具象化并非易事。城市美学不仅仅意味着有吸引力的场所和建筑。对一个场所的体验可能唤起不止一种情绪。它包括积极的体验，如美感、平静、快乐、兴奋、兴趣、满足或惊喜，或是消极的体验，如愤怒、焦虑、无聊、困惑、厌恶或恐惧。我们在特定场所体验到的混合的情绪，可能是和其他与场所本身毫无关系的因素经过复杂交互作用后的结果。

激发这些情绪的因素可能同样复杂，它们可能是建筑和构筑物的造型、颜色、肌理、材料、比例和韵律等物质形态，可能是他人或交通的存在与否，是否易于辨向或移动，是否有趣事可做或可看，场所令人感到温暖舒适还是阴冷不适，等等。所有这些都和城市设计有关。不同的人可能会受到不同的影响，这取决于他们的年龄、性别、能力、兴趣和价值观。

场所同样对身处别处时空的人们产生影响。身处其他地方的人们可能会感受到某个开发项目对气候和生物多样性的影响，身处未来的人们可能会感受到场所因不断适应变化的得失。

帕特里克·格迪斯爵士（Sir Patrick Geddes, 1854~1932）（图1.15）不是一名设计师，但他仍然是创造和重塑场所的最重要的先驱之一。在生物学家、植物学家、生态学家、地理学家、城镇规划师、教育家和社会哲学家的多重身份之下，他首先将自己视为一名社会学家。在他事业的早期，他在爱丁堡历史悠久但已衰败的皇家英里大道（Royal Mile）组织了一系列务实且低成本的改良项目。当时，他和他的妻子以及他们的第一个孩子住在贫民窟里，并带领当地居民、志愿者共同参与项目。他发展了一套被他称作"保守手术"的技术，与当时及后来的很多实践不同，这是一种有本地居

图1.15 帕特里克·格迪斯爵士

民和工作者参与的渐进式更新，确保了他们能够继续留在那里，并从更新中受益。通过这些工作，格迪斯发起，或者说是实践了区域规划、社区行动、规划过程的公共参与、环境教育、妇女权利、文化规划，以及调查–分析–规划的三段式过程。格迪斯的很多主张都被随后的城镇规划师遗忘了，直到20世纪晚期才被重新发现。

图1.16 艾达·索尔特

艾达·索尔特（Ada Salter, 1866 ~ 1942）（图1.16），伦敦的第一位女市长，开创了地方政府在城市改良中的作用。作为一名政治和社会改革家，她搬到了伦敦南部的伯蒙德赛（Bermondsey）以将她的理念付诸实践。她和她的丈夫，物理学家和政治家，阿尔弗雷德·索尔特（Alfred Salter, 1873 ~ 1945）一起，开展了清除贫民窟、区域改善和福利住房事业。她促进了植树和园艺的发展，发起了反对空气污染的抗议活动，组织了音乐会、运动会、艺术比赛以及儿童游戏场地建设。

在1940年代晚期和1950年代，城镇景观运动是最重要的议题，其焦点是城市形态和它的视觉外观。作家、电台节目主持人、记者（campaigning journalist）伊昂·奈恩（Ian Nairn, 1930 ~ 1983）（图1.17），城镇景观运动最有影响力的倡导者之一，曾写下"介于城镇规划和建筑之间的遗失的城市景观艺术"。[4]

图1.17 伊昂·奈恩

1955年，在《建筑评论》特刊《愤怒》[5]一文中，奈恩对那些通常对城镇、郊区、农村和郊野采用同一种景观标准的开发项目所带来的"差异的消失"感到惋惜。"什么是必须做的"，他写道："就是保持并强化场所间的差异"。他不仅将其视为"视觉规划的基本原则"，也视之为"规划所有的分支——社会学、交通运行、工业、住宅卫生——的最终目标"。他解释道："他们都试图将生活变得更有价值、更加健康，而减少没有意义的辛劳。但是，如果它们同时毁掉了我们的环境，那么就与其设计目标背道而驰。"奈恩在规划中对视觉的重视是引人注目的。

城市设计师、绘图员、作家，戈登·卡伦（Gordon Cullen, 1914 ~ 1994）（图1.18），是探索城镇景观方法的领军人物。他应用"景观序列"的方法（一系列展示人们步行穿越某个区域时在连续的观景点所见景象的图画或照片），发展出一套记录城镇景观的新方法（图1.19）。

图1.18 戈登·卡伦　　图1.19 《简明城镇景观设计》（1961）

图1.20 托马斯·夏普

图1.21 托马斯·夏普的畅销书《城镇规划》

图1.22 简·雅各布斯

1953年，在英国进行一个重大住房建设项目时，住房部和地方政府出版了《城镇和乡村设计》（*Design in Town and Village*）一书。这本书讨论了"建筑组合与布局中的设计问题"，由托马斯·夏普（Thomas Sharp）（图1.20）（英国乡村部分）、弗雷德里克·吉伯德（Frederick Gibberd）（居住区设计部分）和威廉·霍尔福德（William Holford）（市中区设计部分）共同完成，书的序言由住房部部长（后来的首相）哈罗德·麦克米伦（Harold Macmillan）撰写。他写道："虽然要分析出构成优秀设计的要素很困难，但这样的尝试却是非常重要的。"麦克米伦还建议人们不要将这本由三个独立作者完成的书作为官方手册，因为"这些问题均与品位有关，因此在很大程度上是个人观点"（在2000年环境、交通和区域部与建筑和建成环境委员会联合发行《基于设计：规划体系中的城市设计，走向更好的实践》之前，它是最后一份由政府发布的关于城市设计的导则）。[6]

城镇规划师、作家托马斯·夏普（Thomas Sharp, 1901～1978），《城镇和乡村设计》的作者之一，是一名城镇景观方法（townscape approach）的热情拥护者。他在1940年出版的《城镇规划》（作为战时英国对未来的憧憬，这本书在十年间售出了25万册）中写道："每一条街道……都应被作为一个独立的作品，一副独立的画卷。'画卷'一词在这里很重要，因为它足以激发人们对近年来被指摘的传统蜿蜒的街道风景如画式特征的思考。'如画的'这个词语被庸俗化而失去了其原本的含义。现在，它仅仅被用来指代稀奇古怪的（quaint）、不规则的事物。然而，风景如画式实际上描述的是一种像画卷一般的，或是与画卷相称的品质。构成画卷意味着构图、整体和平衡。"[7]（图1.21）

作为城镇规划院的院长，夏普对从物质规划向社会经济规划的专业转向提出了质疑。1966年，他尖锐地批判了战略性规划这一新体系。在他看来，这将导致规划中的政策与其引导的物质形态之间难以区分，任何拒绝提供图纸的规划师都不能称之为进行了有意义的规划："除非他们把图纸画出来，否则就只是一堆没有意义的文件。"

在大西洋彼岸，作家、城市活动家简·雅各布斯（1916～2006）（图1.22）则不仅关心一个地方看起来如何，也关心它在人类复杂性的作用下是如何运行的。

作为一名年轻的建筑新闻记者，最初，她对纽约的城市更新项目进行了积极报道，但她很快便意识到，毫无生气的住宅项目正在不断修建，而在经济和社会生活方面充满活力的住区正在被摧毁。

雅各布斯最为人所知的是《美国大城市的死与生》（*The Death and Life of Great American Cities*）一书，这是规划与城市化历史上最具影响力的著作之一（图1.23）。[8]这本书写作于1958~1960年，出版于1961年，它批判了当时的规划实践，热情地倡导了传统的、功能混合的住区。城市生活的复杂性从未被如此细致地描述，街道在城市生活中的核心地位也首次生动地展示在人们面前。理查德·桑内特在1960年代的公开会议上见到了雅各布斯，当时她正在抗议纽约开发"沙皇"罗伯特·摩斯（Robert Moses）的穿越曼哈顿苏荷区的高速公路项目。桑内特回忆道："其他人可能会冲着摩斯大喊大叫，而她只是礼貌地向他提出'你怎么知道这是人们想要的？你认识任何一个住在这里的人吗？你认识谁？'之类的问题。而这足以令他抓狂。她并没有告诉他，这个社区的人反对他的提案，而始终关注他的立场。她还曾在一次会议上问道，'你觉得什么是美的？'"[9]

图1.23 简·雅各布斯《美国大城市的死与生》（1961）

1962年，《美国大城市的死与生》出版的次年，生物学家、作家蕾切尔·卡逊（Rachel Carson, 1907~1964）（图1.24）出版了她最有影响力的一本书。《寂静的春天》（*Silent Spring*）强调了环境面临的威胁，特别是来自杀虫剂的影响。卡逊写道："在美国越来越多的地方，春天来得悄无声息，原本充满鸟儿歌声的清晨也变得异常安静。"[10]长久以来，人们都认为自己应当控制自然，然而，如果人们不学会与自然相处、成为自然的一部分，我们将走向灭亡。她的警告深深地鼓舞了绿色运动，终于让城市设计师们意识到了提升生物多样性和应对气候变化的紧迫性。

图1.24 蕾切尔·卡逊

社会学家鲁斯·格拉斯（Ruth Glass, 1912~1990）（图1.25）研究了更高收入人群迁入并替换原有住区居民、导致社会和经济多样性减少的过程。她在1964年创造的"绅士化"（这将在第4章中被讨论）一词影响深远。城市设计的主要议题之一，是应当致力于环境改善并寄希望于这些改善会带来潜移默化的影响，还是为特定人群的利益而设计。

图1.25 鲁斯·格拉斯

以纽约为阵地的城市学者和社会学家，威廉·霍利·怀特（William H. 'Holly'

图1.26 威廉·怀特

Whyte, 1917～1999)(图1.26)通过近距离观察人们如何使用街道和广场,在《小型城市空间的社会生活》(*The Social Life of Small Urban Spaces*, 1980)等书中记录了他的研究。他发现:成功的广场和公园都与它们是否毗邻街道、有一定的可见性和便利的可达性,是否有树、水景、雕塑和零食售卖有关。那些沿街立面是封闭实墙、没有商店和门窗的地方不太可能成功。最重要的是,人们喜欢观察人。他在书中写道:"设计一个不吸引人的空间其实是很难的,而令人惊讶的是这在现实中是如此常见。"[11]

图1.27 小惠特尼·摩尔·扬

民权运动领袖小惠特尼·摩尔·扬(Whitney Moore Young Jr, 1921～1971)(图1.27),1968年以全国城市联盟(National Urban League)主席的身份在美国建筑师协会全国年会上的主题发言,对规划和设计产生了持续的影响。面对几乎全部由白人男性构成的听众,他说道:"你所从事的职业,并不是一个能够因为你对民权事业的社会和民众贡献而受到瞩目的职业。你们最突出的特点是你们异乎寻常的沉默。"[12]建筑师们联合起来进行了城市开发,而黑人被排除在外。扬警告说,高层城市更新项目正在制造"垂直贫民窟"。他的鼓励为进步建筑师与社区合作创造了条件。

图1.28 大卫·刘易斯

城市设计师、建筑师大卫·刘易斯(David Lewis, 1922～2020)(图1.28)是众多改革派人士之一。他在年轻的时候参与了种族隔离的抗议运动后离开了南非。他的绝大部分职业生涯在宾夕法尼亚的匹兹堡度过,致力于将城市设计发展为一个专业学科,探索引导社区参与其所在邻里的规划和设计过程的方法。他最突出的贡献是发展了一种连续几天进行的"集中工作"形式,这种形式也被称为"设计马拉松"(charrettes),或"设计问询"(Enquiry by Design)。

作家、活动家詹姆斯·鲍德温(James Baldwin, 1924～1987)(图1.29)对1960年代探讨城市发展有重要的影响。他意识到,虽然当时美国许多城市更新项目的目的都是改善贫民区(城市中某个特定群体聚集或是被隔离的地区),而它们的实际效果仅仅是将贫民区从城市的一个地方移到了另一个地方。鲍德温写道,政府对黑人社区开展了研究,以揭示为什么黑人社区会功能失调,然而白人的种族主义态度才是问题所在:"这个国家的白人在学习如何接受并爱护自己和他人的方面还有很多工作要做,有朝一日当他们做到了这一点——这不会发生在

图1.29 詹姆斯·鲍德温

明天，也可能永远不会发生——［非洲裔美国人］[13]的问题将不再存在，因为它不再必要。"[14]80年后，在大西洋的两岸，绅士化和种族主义仍旧是核心议题，它们的存在使城市设计不仅仅只是为能够负担的人提供宜人场所的手段。

印度建筑师、城市设计师查尔斯·柯里亚（Charles Correa, 1930～2015）（图1.30）探索了适宜低收入社区的建筑和城市的新形态。他展示了设计是如何利用传统方法和材料而扎根于地方文化和气候的。

图1.30 查尔斯·柯里亚

例如，1970年代，柯里亚作为新孟买的总建筑师，在印度最大的规划城市贝拉普尔设计了大量保障性住宅，通过低层合院住宅实现了高密度，采用简单的材料和独立的墙体，使它们易于拓展，通常由7～12对住房围合一个公共院落。柯里亚对传统印度聚落的观察使他明白，城市的发展应当遵循一定的空间层级，从私人世界的个人住宅出发，到公共院落，再到更大的公共空间——社区公共步道的场景。

城市规划师和设计师凯文·林奇（Kevin Lynch, 1918～1984）（图1.31）从1937～1939年跟随弗兰克·劳埃德·赖特学习，1940年代以后在麻省理工学院研究和教学，他在1963年成为城市规划专业的教授。林奇在城市形态理论方面的作品具有深远的影响。基于和乔治·凯佩斯（Gyorgy Kepes）合作开展的研究，林奇在1960年出版了《城市意象》（City Image）一书，这本书将"易读性"作为城市设计的核心议题。林奇的城市形态分析和图示方法是当今城市设计师使用最为广泛的方法。

图1.31 凯文·林奇

《城市意象》指出，人们通常基于城市五要素所建立的认知地图去理解他们的城市环境（图1.32）。如今城市设计师仍在使用"林奇式分析"，即根据城市五要素来绘制分析场地或区域的简单平面图。

在他另一本出版于1984年的书《城市形态》中，林奇首创性地提出了成功场所应当具备的七个准则，它们包括：

1. 活力：场所形态对重要功能、生物环境和人类的支持度。
2. 感知：场所能被居民清晰认知、辨认，并在时空中建构的程度，以及该认知结构与他们的价值观和观念的契合度。
3. 适宜：空间的形态和承载力、场所中的路径和设施与人们日常活动，或是

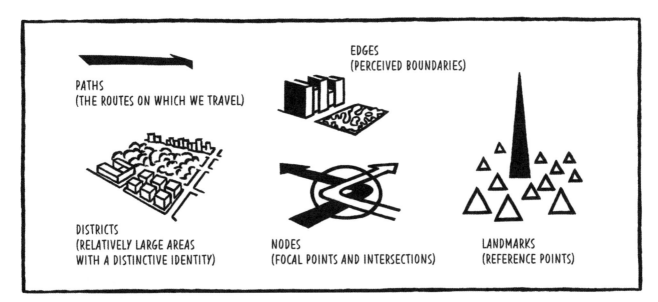

PATHS
(THE ROUTES ON WHICH WE TRAVEL)

EDGES
(PERCEIVED BOUNDARIES)

DISTRICTS
(RELATIVELY LARGE AREAS
WITH A DISTINCTIVE IDENTITY)

NODES
(FOCAL POINTS AND INTERSECTIONS)

LANDMARKS
(REFERENCE POINTS)

图1.32 认知地图中的五大要素

期望开展的活动的形式和数量的匹配度。

4. 可达：接触到他人、其他活动或场所的能力。

5. 控制：使用或是在该场所工作或居住的人，在多大程度上能够控制对空间的使用，空间的可达性、活动的可参与性，以及空间的设计、维修、调整和管理过程的参与度。

6. 效率：建造和维护该场所的成本。

7. 公平：环境的效益和成本的分配方式。

林奇补充道，最后两条准则（效率和公平）适用于其他五条准则。"在明确基本价值取向的基础上界定了成本和收益之后，前面五条准则才有意义。每个项目人们都会问，首先，实现活力、感知、适宜、可达或控制的成本是什么（可以是我们用以估价的任意一种形式）？其次，谁会从中获益多少？"

这是一套可以用于评估场所或是指导场所的规划设计过程的标准。并且，它们将这个过程置于其政治语境下，分析谁会从开发中受益。

城市规划师、建筑师和理论家丹尼斯·斯科特·布朗（Denise Scott Brown，1931～）（图1.33）和她的建筑师丈夫兼合伙人罗伯特·文丘里（Robert Venturi，

图1.33 丹尼斯·斯科特·布朗

13

1925～2018）作出了不同于他们所处时代的现代主义设计理念的尝试。他们致力于展示波普文化（甚至是媚俗的）会如何丰富城市设计和建筑，以及历史和城市文脉会对总体规划带来哪些启发。斯科特·布朗在一个由中上层白人男性主宰的职业世界中为获得认可而进行的斗争，为城市设计师和建筑师朝向多元化的缓慢进展作出了贡献。

1970年代晚期，德国工业设计师迪特·拉姆斯（Dieter Rams, 1932～）（图1.34），博朗公司诸多产品的明星设计师，提出了关于设计的十项原则。"好的设计是创新的、实用的、具有美感的、易于理解的、是低调的、诚实的、耐用的、细致入微的、环保的、极简的"。[15]尽管拉姆斯关注的是产品而非场所，但他提出的原则也有益于城市设计。在凯文·林奇的领导下，让产品易于理解的需求受到了重视，许多城市设计师致力于提升场所的易读性——容易理解且易于寻路。

图1.34　迪特·拉姆斯

克里斯托弗·亚历山大（Christopher Alexander, 1936～）（图1.35）是一名建筑师、数学家和理论家。他出生于维也纳，在英国长大，1963年成为加利福尼亚州立大学伯克利分校的建筑学教授。他在1977年出版的著作《建筑模式语言》，总结了他称之为成熟的建造方式，可供人们直接采用。通过专注于城市规模、街区、街道、建筑和细节之间的关系，亚历山大致力于揭示如何通过创造联系这些要素的网络关系来塑造场所。

图1.35　克里斯托弗·亚历山大

迈克尔·迈哈菲（Michael Mehaffy）和尼卡斯·萨林加罗斯（Nikas Salingaros）将亚历山大有关建筑与建成环境的观点描述为"反传统的"，他们写道，"1920年代以来我们建造的建筑——不管它们在视觉上对某些人有多大吸引力——以一种高度不完整且存在严重缺陷的方式使用技术，严重破坏了人类环境的适应性。它的各种设计风格——现代主义、后现代主义、解构主义、流体建筑等——实际上只是各种精心装饰，掩盖了一种与高级的、可持续的形式不相容的潜在的碎片化与物质化的结构。它们是视觉上令人兴奋的作品……旨在帮助宣传一系列实质上是商品化的工业品。不管它们乍看之下如何令人兴奋和成功，最终它们都只会加剧人造建成环境中日益严重的灾难。"[16]

1985年，伊恩·本特利（Ian Bentley）、艾伦·阿尔科克（Alan Alcock）、保罗·默雷恩（Paul Murrain）、苏·麦格林（Sue McGlynn）和格雷厄姆·史密斯（Graham Smith）（牛津理工学院、后来的牛津布鲁克斯大学的学者）出版了一本富有影响力的城市设

图1.36 伊恩·本特利、艾伦·阿尔科克和保罗·默雷恩等人的《响应性环境》（1985）

计入门书籍，《响应性环境》（*Responsive Environments*）（图1.36）。这本书提出了七项城市设计原则：

1. 渗透性：应当具备穿越任何环境的多条路径。
2. 多样性：场所应当通过多样的功能提供丰富的体验。
3. 易读性：人们应当能够理解该场所的平面。
4. 强健性（robustness）：场所应当可用于满足不同的目的。
5. 视觉合理性：场所的外观应当能够让人们理解它的功能。
6. 丰富性：细节化的设计、材料和施工应当有助于增加使用者的感官享受。
7. 个性（personalisation）：人们应当能够在环境中打上自己的印记。

城市规划师、城市设计师、建筑师弗朗西斯·蒂巴尔兹（Francis Tibbalds, 1941~1992）（图1.37）因为将美国的城市设计理念引入英国（例如，他在1990年完成的伯明翰城市中心设计）而闻名。作为城市设计小组（Urban Design Group）的创始人和主席，他向规划师、建筑师和景观设计师等人展示了在城市设计中探索共识比争夺专业权威更有价值。蒂巴尔兹在1988年提出的"城市设计十诫"曾被各种文章引用，并对专业实践产生了影响。这些戒律包括"场所优先于建筑""人性化设计"，以及"避免规模过大的变化"（avoid simultaneous change on too great a scale）。

图1.37 弗朗西斯·蒂巴尔兹

以哥本哈根为阵地的建筑师和城市设计师扬·盖尔（Jan Gehl, 1936~）（图1.38）对街道和公共空间有着相当深入的分析和理解。他写道，"在一个私人住宅、汽车、电脑、办公室和购物中心日益私有化的社会，我们生活中的公共部分正在消失"。[17] "让城市更具吸引力越来越重要，这样可以促进人们之间面对面的交流，帮助我们通过感官获得真实的体验。优质公共空间中的公共生活是民主生活和完整生活的重要组成部分。"

图1.38 扬·盖尔

扬·盖尔对人性尺度重要性的理解源于简·雅各布斯。50年前，她说道，"走出去，去观察什么有效、什么无效，从现实中去学习。看看你的窗外，花些时间去街上走走，去广场坐坐，看看人们是如何使用空间的，从中学习并应用它"。[18] 他强调潜移默化的改变的潜在价值，劝说哥本哈根的公共机构逐年减少停车空间的数量，从而在大部分人不知不觉中实现改变。

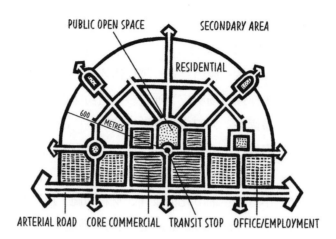

图1.39 彼得·卡尔索普 　　　　图1.40 以公共交通为导向的发展鼓励步行

　　美国建筑师、城市设计师和规划师彼得·卡尔索普（Peter Calthorpe, 1949～）（图1.39）开创了以公共交通为导向的（TOD）新城市主义概念（新城市主义是新城市主义大会倡导的城市规划和城市设计方法，旨在强调传统上成功街区的物质空间特征）。TOD模式提倡以公共交通站点为核心，在适宜步行的范围内提供工作场所和服务设施（图1.40），而联排住宅采用路边停车的方式。

　　卡尔索普还提出了"步行区"的概念：一个面积不超过45hm²、可步行、功能混合的城市区域，与公共交通相连，中心有一个公园。步行区适宜于低层、高密度住宅，以及零售和商业开发。

　　建筑师和规划师道格·凯尔博曾经评论过美国的新城市主义运动，这场运动源于美国知识界的两个分支，其中之一以非党派人士彼得·卡尔索普和他西海岸的同事为代表，强调环境主义；另一个则以保守党派的、迈阿密的、有着欧洲品位的安德列斯·杜安尼（Andres Duany）（图1.41）和伊丽莎白·普拉特—兹伊贝克（Elizabeth Plater-Zyberk）（图1.41）为代表，他们的理念更加传统，侧重建筑和城市形态。两个脉络殊途同归，最终达成共识：美国需要拒绝由专家为特定社区设计和开发特定用地和建筑的"现代主义范式"。[19]新城市主义社区的著名案例包括由安德列斯·杜安尼、伊丽莎白·普拉特—兹伊贝克设计的佛罗里达海岸和里昂·克里尔规划的多塞特的庞德伯里。

图1.41 安德列斯·杜安尼和伊丽莎白·普拉特—兹伊贝克

图1.42 萨斯基娅·萨森

图1.43 比尔·希利尔

图1.44 开尔文·坎贝尔

社会学家萨斯基娅·萨森（Saskia Sassen, 1947～）（图1.42）对全球化进程中城市的分析——包括经济重组对城市生活的影响，以及劳动力和资本的流动——对城市设计产生了影响。萨森在1991年出版的《全球城市》（*The Global City*）一书中推广了这一术语，全球城市是塑造全球经济的组织基础。

建筑理论家比尔·希利尔（Bill Hillier, 1937～2019）（图1.43）开创了空间句法。这套工具可用于分析城市空间中的运动并以此预测活动可能的数量。空间句法源于"城市运动建立在城市空间构型"的观点之上。希利尔出版于1996年的《空间是机器》（*Space is the Machine*）一书阐述了两个主要的观点。[20]第一，在其他条件一致的情况下，城市网络中的运动由网格自身的构型所决定（城市网格是相邻的且规则的建筑组团构成的组织，它们界定了连续的空间系统。网格的构型即它们组合的方式）。第二，网格和运动的关系构成了城市形态其他诸多方面的基础：土地利用的分配，如零售和居住，犯罪的空间模式，以及不同密度的演进方式。网格导致的运动结构以乘数效应的方式导致高密度的功能混合模式，从而塑造空间上成功的城市。很多城市设计师使用空间句法检验他们的设计能否吸引人群。

英国政府自1953年以来的第一份设计导则，《通过设计：规划系统中的城市设计》（*By Design: Urban Design in the Planning System*）（以下简称《通过设计》）发布于2000年，它从物质空间形态的角度梳理了城市设计的目标。[21]品质目标是抽象的，空间形式则不是，并且设计师能够通过图纸，以平面图、立面图和透视图等形式将其细化。

在《通过设计》之前，本地的规划机构主要负责土地利用规划，针对开发项目外观的所谓美学控制被认为是应当被避免的，主要留给开发商的设计师处理。《通过设计》于1996年开始制定，于1998年完成，但推迟了两年才发表，因为政府在要求地方规划机构将设计纳入规划职责范围内持谨慎态度，并且也不愿意采纳其顾问团在"城市设计矩阵"（包含在最终草案中，但在公开发行版本中省去了）中明确提到的建议——将《通过设计》草案中所谓的"整合和效率"（资源利用方式以及人们的发展对其他地方和未来世代的影响）作为规划系统的考量内容之一（图1.45）。

QUALITIES

	CHARACTER	CONTINUITY AND ENCLOSURE	PUBLIC REALM	EASE OF MOVEMENT	LEGIBILITY	ADAPTABILITY	DIVERSITY	INTEGRATION AND EFFICIENCY
FORM								
LAYOUT: STRUCTURE								
LAYOUT: URBAN GRAIN								
LANDSCAPE								
DENSITY AND MIX								
SCALE: HEIGHT								
SCALE: MASSING								
APPEARANCE: DETAILS								
APPEARANCE: MATERIALS								

图1.45 城市设计矩阵。品质是抽象的，空间形式则不是，并且设计师能够通过图纸，以平面图、立面图和透视图等形式将其细化。该矩阵为《通过设计》而设计，由政府和建筑与建成环境委员会（CABE）发布，但"整合与效率"的目标在公开发行版中被省略了

《通过设计》将城市设计的目标定义为：

1. 特色：场所本身具有独特的个性。
2. 连续和围合：场所中公共空间与私人空间被清晰地界定。
3. 公共领域的品质：场所具有有吸引力的、成功的室外空间。
4. 移动的便利性：场所本身易于到达和穿行。
5. 易读性：场所具有清晰的意象，易于理解。
6. 适应性：场所易于改变。
7. 多样性：场所具有多样性和不同的选择。

随着《通过设计》的发布，实现上述品质成为英格兰和威尔士地区规划系统的官方目标，这个表格也经过基于地方具体情况的调整之后被纳入许多地方规划中。《通过设计》一直被作为政府导则，直到2014年被在线的规划实践指导所取代。这份在线导则支撑了发布于2012年、修订于2018年的国家规划政策框架（National Planning Policy Framework, NPPF）。NPPF和它的支撑导则基本覆盖了《通过设计》中提到的基本原则。

加拿大城市学者周·皮特（Jay Pitter, 1971 ~ ）（图1.46），像60年前的詹姆斯·鲍德温（James Baldwin）和小惠特尼·摩尔·扬（Whitney Moore Young Jr.）一样，她呼吁在城市转型过程中战胜种族主义、主张城市设计的专业实践并非中立——它或者加剧或者缓解社会不平等。

图1.46 周·皮特

图1.47a和b 一些城市设计的先锋以及他们最有影响力的想法。作者画中的年代信息展示着设计随着时间变化而不断改变着流行的趋势

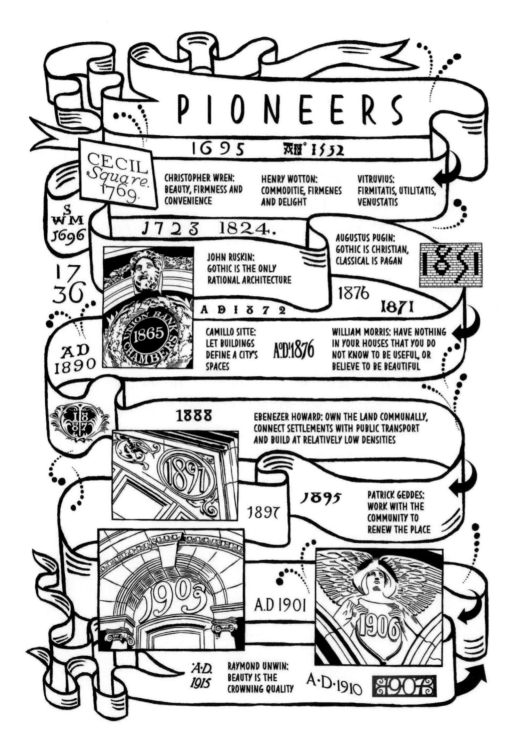

PIONEERS

1695   AH° 1532

CECIL Square. 1769.

CHRISTOPHER WREN: BEAUTY, FIRMNESS AND CONVENIENCE

HENRY WOTTON: COMMODITIE, FIRMENES AND DELIGHT

VITRUVIUS: FIRMITATIS, UTILITATIS, VENUSTATIS

S WM 1696

1723   1824.

AUGUSTUS PUGIN: GOTHIC IS CHRISTIAN, CLASSICAL IS PAGAN

1851

JOHN RUSKIN: GOTHIC IS THE ONLY RATIONAL ARCHITECTURE

17 36

1876   1871

A D 1872

UNION BANK CHAMBERS 1865

CAMILLO SITTE: LET BUILDINGS DEFINE A CITY'S SPACES

A.D.1876

WILLIAM MORRIS: HAVE NOTHING IN YOUR HOUSES THAT YOU DO NOT KNOW TO BE USEFUL, OR BELIEVE TO BE BEAUTIFUL

A.D 1890

1887

1888

EBENEZER HOWARD: OWN THE LAND COMMUNALLY, CONNECT SETTLEMENTS WITH PUBLIC TRANSPORT AND BUILD AT RELATIVELY LOW DENSITIES

1891

1897   1895

PATRICK GEDDES: WORK WITH THE COMMUNITY TO RENEW THE PLACE

1903

A.D 1901

1906

A.D. 1915   RAYMOND UNWIN: BEAUTY IS THE CROWNING QUALITY

A.D.1910   1907

图1.47a

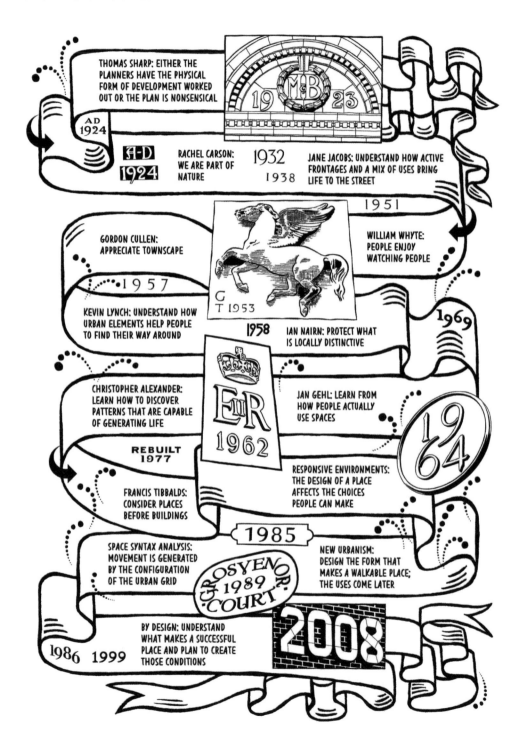

THOMAS SHARP: EITHER THE PLANNERS HAVE THE PHYSICAL FORM OF DEVELOPMENT WORKED OUT OR THE PLAN IS NONSENSICAL

AD 1924

19 M B 23

A-D 1924

RACHEL CARSON: WE ARE PART OF NATURE

1932

1938

JANE JACOBS: UNDERSTAND HOW ACTIVE FRONTAGES AND A MIX OF USES BRING LIFE TO THE STREET

1951

GORDON CULLEN: APPRECIATE TOWNSCAPE

1957

WILLIAM WHYTE: PEOPLE ENJOY WATCHING PEOPLE

G T 1953

KEVIN LYNCH: UNDERSTAND HOW URBAN ELEMENTS HELP PEOPLE TO FIND THEIR WAY AROUND

1958

IAN NAIRN: PROTECT WHAT IS LOCALLY DISTINCTIVE

1969

CHRISTOPHER ALEXANDER: LEARN HOW TO DISCOVER PATTERNS THAT ARE CAPABLE OF GENERATING LIFE

E II R 1962

JAN GEHL: LEARN FROM HOW PEOPLE ACTUALLY USE SPACES

19 64

REBUILT 1977

RESPONSIVE ENVIRONMENTS: THE DESIGN OF A PLACE AFFECTS THE CHOICES PEOPLE CAN MAKE

FRANCIS TIBBALDS: CONSIDER PLACES BEFORE BUILDINGS

1985

SPACE SYNTAX ANALYSIS: MOVEMENT IS GENERATED BY THE CONFIGURATION OF THE URBAN GRID

GROSVENOR COURT 1989

NEW URBANISM: DESIGN THE FORM THAT MAKES A WALKABLE PLACE; THE USES COME LATER

1986 1999

BY DESIGN: UNDERSTAND WHAT MAKES A SUCCESSFUL PLACE AND PLAN TO CREATE THOSE CONDITIONS

2008

图1.47b

城市设计运动

在即便面临严峻的气候挑战，人们仍旧持续进行着设计品质低下、依赖机动车、资源枯竭型开发的当今时代，回顾一下英国百年来的城市设计运动是有价值的。

1910年，英国皇家建筑师协会（RIBA）主办的城镇规划会议在伦敦举行，来自世界各地的一千余名热心支持者参与了会议。此次会议是城镇规划发展以及城市设计在其中扮演角色的转折点（图1.48）。参与到城镇规划中的建筑师、工程师、土地勘测员和律师都希望让他们的专业领域发挥重要作用，很少有人希望城镇规划本身成为一个专业。通过举办这次会议，RIBA声称自己和建筑师都将发挥重要作用。然而这些愿望在两方面都未能实现：一是城镇规划成为一个专业，二是设计与规划的重要性在减弱。

1913年，城镇规划机构成立了（1914年1月举办了成立庆祝晚宴），旨在"推进城镇规划和市政设计的研究，帮助参与或有兴趣从事城市规划实践的人员保持联系"。[22]机构的目标在于协调参与规划的各类人员（主要是建筑师、工程师、律师和土地勘测员），而非创造一个新的职业。然而，它很快地发展成为一个专业团体，而作为核心的市政设计的重要性被模糊了。

图1.48 1910RIBA大会的会议代表徽章

在地方层面，民间团体逐步发展起来，为提高他们的环境品质争取权益。1957年，英国市民基金会成立，开始支援他们的活动，并在全国范围内组织市民运动。2009年，市民基金会失去了商业和政府的资金资助，转向管理，并在2010年被市民之声——市民之声是一个规模更小、但更加活跃、主要依托地方市民团体的组织——所取代。

1978年，城市设计小组（UDG）成立。UDG相信打造成功的场所取决于打破专业间的壁垒，建立人与人之间的合作，以及必要的专业技能和理解力（包括专业人士、开发商、市议员和社区）。UDG一直反对成为一个传统的专业机构，认为城市设计是一种协作的工作方式，应当将各种各样的建成环境专业人士视为城市设计师，这些行业往往也属于传统专业。

随着城市设计的发展，其他组织希望扮演一个正式的角色，每个人也许都在担心城市设计可能会侵犯他们认为的属于自己的领域。1997年，一些专业团体和竞选团体（包括皇家城镇规划协会和UDG）组建了城市设计联盟（UDAL）。[23] UDAL经历了五年的繁荣发展后，部分成员组织认为不再有必要展开城市设计方面的合作。几年的沉寂之后，该联盟在2010年正式解散了。

1999年，UDAL成立两年后，政府组建了建筑与建成环境委员会（CABE），作为其捍卫者（为了不将乡村地区的发展排除在外，采用了"建成环境"而非"城市设计"）。CABE在某些方面完全代表了城市设计小组曾经的主张。如今城市设计成为政府和专业实践中的重要议题，并且有着一个由政府资助、拥有100多名工作人员的组织在推动其发展。2011年，CABE的时代由于该组织失去了绝大部分政府资金支持而结束，它的部分职能被转移至设计委员会。

2006年，都市主义学会成立，大致以奥斯卡的颁奖机构美国电影艺术与科学学院的模式为基础。都市主义学会成立之初，邀请了不到100名城市学者为都市主义的最佳案例颁奖。自那以后，该组织的成员人数不断增加，其职权范围逐渐扩大，致力于"理解、宣传和表彰那些成就伟大场所的原则，并将这些经验应用于欧洲和其他地区的城镇发展"。

图1.49 特里·法雷尔

在建筑师和城市设计师特里·法雷尔爵士（Sir Terry Farrell）（图1.49）主持的全国建筑和建成环境审查的启发之下，场所联盟于2014年成立了。该联盟将其自身描述为"一场组织和个人为提高场所品质而开展的运动，它基于这样一种理念，即通过合作和更好的沟通建立一种文化，使场所的品质成为国家和地方的日常优先事项"。

这些只是过去一百年中引领了城市设计运动的众多组织中的一小部分。除了CABE，所有组织都在没有成为政府机构的情况下完成了它们的使命。术语的内容也得到了扩充（城镇规划、民间组织、城市设计、建筑、建成环境、都市主义和场所）。城镇规划机构成为一个专业团体，市民基金会耗尽了经费，城市设计联盟和CABE成立又解散了，市民之声、城市设计小组、都市主义学会和场所联盟则继续繁荣着。

多年来，为数不多的人参与到了城市设计运动中。也许他们的努力由于分散在各种组织中而显得不那么有影响力——这些组织为了争取成员和维护形象而相互竞争。这可能是资源的浪费，也可能是健康的达尔文竞争。他们的目标也许很简单：创造更好的场所。尽管这看似是个单一的食谱，但它原材料的丰富度并不亚于城市生活的复杂性。这个概念的简洁性掩盖了其背后千差万别的态度、价值、视角和政策。

城市设计作为一种职业

无论是在英国还是北美，城市设计都不是一种正式的职业。[24]不过，英国的城市设计小组有一群成员致力于帮助那些希望以城市设计的名义开展专业实践的从业者。自21世纪以来，兼具一定教育水平和实践经验的专业人士可以申请成为城市设计的认证从业者。UDG承诺，"这种区别能够为各个领域的专业人士提供有价值的、新增的联系，帮助他们分享自己的城市设计理念和经验。……成为一名认证的从业者能够为从事城市设计的人们提供一种认同感……和一种更加强烈的共同目标感。"申请方式相对来说很简单：候选人需要通过"能力检测"，来证明他们具备相关的经验和资格。[25]

城市设计小组将认证从业者作为一种会员类型并非旨在促成城市设计的专业化，恰恰相反，它并不认为城市设计应当成为一种常规的专业。事实上，个别建成环境专业相对局限的方式在一定程度上导致了相关从业者未能为城市设计作出贡献。这些专业人士包括忽视了文脉的建筑师，只关注过程而不重视物质空间形态的规划师，忽视那些无法被量化的要素的道路工程师。城市设计是一种联合多个专业（包括规划师、道路工程师、建筑师、景观师等）共同协作的工作模式。UDG认为，所有这些需要处理城市文脉和复杂关系的从业者都应当把自己视为城市设计师。将城市设计作为一个特定的专业会传递错误的信号。

建成环境领域中各类专业的角色越来越难被定义，也很难为不同学科划定明确的知识边界。作为一名建筑师，他曾经的工作也许是设计并监管一栋建筑的修建，但在今天，他则可能只是一个由不同专家构成的团队成员之一，而不必再负责处理所有事务。

同时，城镇规划几十年来一直对其专业地位感到担忧。城镇规划机构最初是由一群对规划有着共同关心的多种专业人士构成的，后来它才成为一种专门的职业，其绝大部分成员也没有其他职业背景。到1990年代，皇家城镇规划协会的一些主要成员开始反思城市设计是否确实有明确的知识范畴，是否值得公众的信任，规划师是否能够仅仅因为他们知道如何操纵规划系统就受到重视。

景观专业正在迅速地改变着。如果说建成环境始终面临着危机，那么也许是因为建成环境涉及的规划、经营、设计、管理、建造和调研等知识过于繁杂而难以被准确地归纳为一个独立的专业。目前，似乎需要一种以全新的、更加灵活的方式来整合建成环境专业，通过一类专业人士协调不同专业。历史建筑保护机构也许正是这样一个组织，它的大部分成员都同时隶属于其他的专业机构，但选择以建筑保护为主题一同工作。非机构化的城市设计师可能是建成环境专业新兴景观的另一个例子。

城市设计师做些什么

城市设计师们做些什么呢？我们通常能看到一些视觉呈现：图示化的语言、提案或总平面，等等。但他们是如何思考的呢？是怎么想到这些点子的？简言之，如何设计？

城市设计不仅仅是通常认为的设计，它涵盖的内容更为广泛。但正如我们定义的一样，"城镇和乡村中土地利用的整合以及物质空间形态的塑造"确实与传统意义上的设计相关。物质形态的塑造总是离不开设计。城市设计汇聚了拥有不同技能的人，有些人会画画，并用这种方式思考、设计和表达，其他人则以其他方式作出贡献。

许多优秀的设计都源自于长期的训练、艰辛的过程和天才的设计师借助画画的方式思考时的灵感。但很多自称城市设计师的人并不画画，甚至从未学习过这项技能，而是通过电脑软件创作成功的项目或是具有说服力的表现。新一代的城市设计师无疑会像他们的前辈那样运用各种技巧，即便他们几乎不再动笔。

在过去的15年，数字化的城市设计图纸表达取得了巨大的进步。潜在的威胁是，城市设计师，或是希望从事城市设计的人，能够轻而易举地得到看似真实却没有实质性内容的图纸。如今，在没有具体文脉、设计原则、创意或公共参与的情况下，绘制看上去合格的城市设计作品是非常容易的。由电脑生成的标准化城市设计看上去很相似，它不仅让我们质疑工作中遇到的一个又一个平面：曲折道路网格的街区布局是否比标准数字化的布局有着更多的意义？

这不是唯一的威胁。许多城市设计图纸的绘制旨在向客户、规划专家和公众展示其引人入胜之处，从而说服他们，而计算机制图在这方面能够发挥很大的作用，其背后的动机，既有在可理解范围内使项目尽可能更好地呈现，也有蓄意欺骗的：不美观的地方可以用景观树遮挡，或是选取一个真实情况下并不存在的视角呈现项目，或是使建筑看起来比真实中小很多。

精确视觉呈现技术（accurate visual representation，AVR，也被称为验证视图）已经被开发出来，用于减少此类操纵和失真。一张AVR图纸会把拟建建筑物或构筑物置于真实环境中，用以评估它对环境的视觉影响。AVR将设计方案融入实景之中。但大部分城市设计图纸缺乏这样的可验证性。即便开发商被劝说使用AVR，他们也常常挑选一些使拟建建筑几乎不可见的角度，而排除那些会暴露设计项目会带来重要影响的角度。

城市设计的技能

城市设计取决于以下技巧：

合作与设计

- 创造力。
- 合作。
- 政策和公共参与。

理解与意识

- 理解场所的特征和场所感。
- 理解人们的需求。
- 理解建成环境是如何运作的。
- 空间意识。

富有创造力的人的工作方式往往不是直接可见的，并且不仅仅提供分析的结果，他们研究复杂的情形和条件，并提出新颖的解决策略。这种创造力是可以学习的，特别是通过设计训练（通过实践来学习）和画画的方式。练习手、眼、脑的协调，似乎可以促进无意识的思维能力和创造力。有时候他们很难解释是怎么想到这些策略的：从某种程度来说，它们源于潜意识。

在城市设计中，和不同领域的专家（景观、道路、给水排水、照明、设备、规划、建筑、勘测、更新、金融、健康和教育等）协同合作，特别有助于促进人们跨学科的创造性思维，也应与怀有不同兴趣、视角和价值观的人们（包括政治家和公众）一同工作。优秀的城市设计师能够以不同寻常的角度切入问题，充分认识并最大限度地挖掘场所自身的特性和价值。

对很多有创造力的设计师而言，绘画是设计的核心。他们也许用手绘，也许用电脑，或是综合的手段。绘画涉及心理活动和设计师在其他情境下可能不太会用到的思考方式，它帮助设计师物化并呈现一些我们的感受，帮助我们理解他们的理念，并与他们交流。设计师从众多种绘画的方式——包括速写和投影图（正投影、三点透视、等距透视、轴测和三视图）——中选择最适合他们设计阶段的方式。除绘画之外，设计师也会采用其他方式，如拼贴、摄影、实体模型和数字模拟等，来梳理思路、开展交流。

设计可以被描述为一个循环往复的过程，设计师基于上一次的经验不断推进设计，而绘画通常是其中的内容。绘画能够帮助设计师展开直觉性的想象，得到他们从未构思过的事物，并不断演绎其形式，这个过程会一直持续下去，直到设计师认为得到的概念草图能够较好地回应规划设计条件。

设计师运用线条勾勒他们脑海中的构想，通过手绘（最简单而直接的方式）来展开设计。这种简单的草图能够让设计师判断一个概念能否有效回应规划条件，并不断演绎出新的形式。练习用线条勾勒想法、描绘现实，是培养这种能力的最佳方式。大量的速写练习能够提高手、眼、脑的协作能力。

常常练习绘图，包括透视和平面图等，能够培养一系列应对各种情形的技巧。尽管需要大量的练习，但学生将因此而成为一名富有直觉的设计师，具备城镇和街道等的空间构想力，并通过图示语言与他人交流。

城市学者本·博尔加（Ben Bolgar）写道，在王子基金会的设计工作坊中，"设计问询"这种方法的法则是"拿起笔或闭嘴"，"这也许看上去有些强势，但它其实意味着'如果你不能把一个东西画出来，你就无法表达它'。"这个方式能够有效地克服抽象性，因为它并非采用词汇来达成共识，而是通过图示的方式让人们理解并表达看法。[26]

诚然，对城市设计师而言，计算机是制图和辅助设计的有效工具。然而，在概念设计阶段，不断地缩小和放大难以赋予设计师准确的尺度感，相反，在纸上基于同一种比例尺度展开工作，能够帮助设计师理解要素间的距离。

对城市设计师而言，在项目初期就提出流畅的绘图并非易事，而开发商和地方机构则希望尽早得到可视化的结果来兜售项目，这就可能造成项目经费的不当使用。

其他城市设计技巧则与场所塑造的细节有关（图1.50），包括设计品质评价，筹备城市设计的相关政策、导则和正式文件，以及通过二维或三维图纸开展交流（通过手绘或电脑）。

本章讨论了我们目前所理解的城市设计的演变过程，以及其中的专业实践者。这些理念包括功能混合、适宜性、适应性和弹性、优秀的公共空间、可达性和易明性、生物多样性、资源有效利用，以及美观。下一章将更加深入地挖掘这些问题，并展示它们如何成为城市设计专业实践的基础。

图1.50　剑桥爱丁堡骑士公园的240个住宅开发项目，波拉德·托马斯·爱德华兹与艾莉森·布鲁克斯建筑师事务所

第1章（1~29页）

1   Augustus Pugin (1842), 'The Present State of Ecclesiastical Architecture in England; *Dublin Review* (Dublin).

2   Camillo Sitte (1889), *City Planning According to Artistic Principles (Der Stadtebau).*

3   Raymond Unwin (1909), *Town Planning in Practice: An Introduction to the Art of Designing Cities and Suburbs* (London: TF Unwin).

4   Quoted in Graham King (1996), 'Ian Nairn: The Missing Art of Townscape; *Urban Design Quarterly,* July (London: Urban Design Group).

5   Ian Nairn (1955), 'Outrage; *Architectural Review,* June (London: Architectural Press).

6   Kelvin Campbell and Rob Cowan (2000), *By Design: Urban Design in the Planning System-Towards Better Practice* (London: Department of the Environment, Transport and the Regions and the Commission for Architecture and the Built Environment).

7   Thomas Sharp (1940), *Town Planning* (London: Pelican Books).

8   Jane Jacobs (1961), *The Death and Life of Great American Cities* (New York: Random House).

9   Richard Sennett (2006), 'Death and Life of an Anarchist Urbanist; *Building Design,* 5 May (London).

10 Rachel Carson (1962), *Silent Spring* (New York: Houghton Mifflin).

11 William H Whyte (2012), *City: Rediscovering the Center* (Philadelphia: University of Pennsylvania Press).

12 Whitney Moore Young Jr (1968), Speech at the American Institute of Architects National Convention in Portland, Oregon.

13 The term Baldwin used, now offensive, has been redacted.

14 James Baldwin (1960), 'Fifth Avenue, Uptown; *Esquire,* July (New York).

15 'Power of Good Design: Dieter Rams's Ideology, Engrained Within Vitsre; www.vitsoe.com/gb/about/good-design, accessed 5 September 2019.

16 Michael Mehaffy and Nicos Salingaros (2011), 'The Radical Technology of Christopher Alexander; www.metropolismag.com/ pov / 20110906/ the-radical-technology-ofchristopher-alexander#more-20901, 8 September, accessed 5 November 2020.

17 Jan Gehl (2013), *Cities for People* (Washington: Island Press).

18 Mitra Anderson-Oliver (2013), 'Cities for People: Jan Gehl; *Assemble Papers,* 13 June.

19 Doug Kelbaugh (2010), 'Three Urbanisms: New, Everyday and Post; on fathom.corn, accessed 20 September 2010.

20 Bill Hillier (1996), *Space is the Machine: A Conjigurational Theory of Architecture* (Cambridge: Cambridge University Press).

21 Kelvin Campbell and Rob Cowan (2000), op. cit.

22 Town Planning Institute Articles of Association (1914).

23 The Urban Design Alliance used the initials UDAL rather than UDA to distinguish it from the paramilitary Ulster Defence Association.

24 A profession is a formal association of people whose occupation is based on a common body of specialized knowledge and skills; who define an aim that they claim is in the public interest, beyond their own and their clients' interests; who agree to abide by an ethical code; who guarantee their motivation and competence; who claim the public's trust; and who join the profession only after meeting rigorous entry requirements.

25 Rob Cowan (2008), *Capacitycheck: Urban Design Skills Appraisal* (London: Urban Design Alliance). Capacity check is a method of assessing what capacity. Individuals and organisations have, and drawing up plans to increase it.

26 Writing in Jack Airey (ed.) (2019), *The Duty to Build Beautiful* (London: Policy Exchange).

第2章
八个设计目标
及其实现方法

人们用来讨论城市设计的词汇在不断变化。从业者、学者和政治家都在试着寻找新的词汇来表达新的观点，但更多的时候只是用于重新包装过往的理念。让我们回忆一下近几十年英国政府政策强调的那些关键词：棕地（1980年代）、城中村（1989～2000）、可持续的城市拓展（1999）、可持续社区（2003～2008）、生态城镇（2007～2010），以及田园城市（一个源自19世纪末的理念，在2001年被重新提及）。这些理念存在很多共同点，尤其是在那些对建设内容和方式影响不大的倡议中。图2.1展示了它们可能的关联。

THE PROGRESS EQUATIONS

OVERGROWN AIRFIELD + UNSUSTAINABLE LOCATION = BROWNFIELD SITE

BROWNFIELD SITE + MIXED USES = URBAN VILLAGE

URBAN VILLAGE + SUBURBAN LOCATION = SUSTAINABLE URBAN EXTENSION

SUSTAINABLE URBAN EXTENSION + GOVERNMENT HYPE = SUSTAINABLE COMMUNITY

SUSTAINABLE COMMUNITY + REMOTE, UNSUSTAINABLE LOCATION = ECO-TOWN

ECO-TOWN + NATIONAL PLANNING POLICY FRAMEWORK = GARDEN CITY

图2.1 演进公式

城市设计不仅仅是几个简单的概念。百年的理论和实践积淀，构建了关于如何塑造成功场所的知识体系。在制定计划、政策、导则、平面、规划条件和开发项目时，城市设计师需要将相应的知识与当地文脉联系起来。本书通过八个设计目标将这些知识结构化，使其易于掌握（图2.2），本章的其余部分将详细展开。我们成功地应对了疾病流行、气候变化和一系列不确定性。这些方法可以用于规划设计条件和规划政策撰写，设计规范编制，以及开发提案审查，还可以用于评

1.　HAVING A MIX OF ACTIVITIES AND USES APPROPRIATE TO THE PLACE AND PEOPLE

2.　FIT FOR ITS SPECIFIC PURPOSE

3.　ADAPTABLE TO OTHER USES AND RESILIENT TO CHANGE

4.　SPACES THAT ARE WIDELY USED AND ENJOYED

5.　ACCESSIBLE AND NAVIGABLE

6.　BIODIVERSE

7.　EFFICIENT USE OF RESOURCES, AND MINIMAL IMPACT ON OTHER RESOURCES

8.　BEAUTIFUL AND INTERESTING

图2.2　八个设计目标

图2.3　空头支票

估已建成项目的品质：商业建筑、公共空间、住宅项目等（如第3章所示）。

八个设计目标的适宜性取决于具体情况，它们可能并不都密切相关，并且也有它们未能涵盖的需要考虑的内容。通常而言，在各项目标之间会存在冲突，而我们需要在其中进行取舍。

接下来介绍的要点都包含在上述八个城市设计目标之中，并且可能对应着不止一个目标。要点的个数并不代表相应目标的重要程度，项目的具体背景决定着需要考虑的内容（图2.3）。

1. 创造适宜于场所和使用者的多样活动和功能

检验一个项目是否成功的标准，要看它是否有助于提升它所在场所、街道、街区乃至城镇的生活品质。这有赖于对不同人群需求的把握，以及对具体背景下和谐社区愿景的构想。下列要点有助于确保将这些需求和远景纳入开发项目的核心内容。

文脉

场所

- 回应场地的物质形态、社会、环境、经济和历史文脉。

人

- 回应居住于此的人的需求（图2.4）。

多样的功能和产权

图2.4 尽管总平面规划中规定了混合功能开发，但因具体条件受限而从未实现

- 促进包含多种住宅、设施和本地服务的均衡社区，从而满足不同年龄、行动能力、收入和身心健康状况群体的需求，如提供托儿所、小学、工作场所、商业功能、医疗和娱乐设施，以及开放空间等。图2.5改绘自1999年城市工作小组报告中的一份图表，反映了相应设施及其常见的服务人口和服务半径。[1]
- 确保功能之间的相融性。
- 确保多样、统一且平等的产权类型。
- 通过共享工作空间、居家办公和联合住宅融合职住功能，使室内外空间能够更高效地相互连通（图2.6）。

2. 适应具体的功能目标

开发项目应当作为一个整体，或是具体的部分（如单体建筑或公共设施），满足在那里参观、居住或工作的人们的需求。这应该通过高效而灵活地平衡未来几年

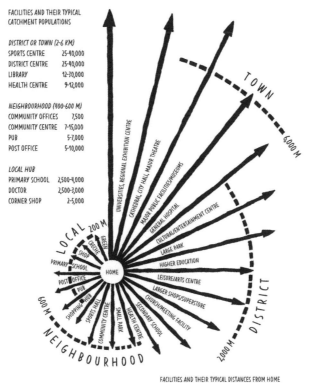

图2.5 设施、服务人口与服务半径

图2.6 待改造的住宅，位于曼彻斯特休姆的一个混合功能联合开发项目

甚至几十年的需求来实现。其中，部分相关问题应当在建筑规范中有所涉及。[2]

许多开发项目都未能满足适宜性测试，这通常是因为负责人往往存在其他顾虑，比如它们需要实现快速的资金回流，以便迅速进入下一个可能同样考虑欠妥的项目中去。这里讨论的议题在其他部分也有所涉及，如提供更多漫游和步行机会，减少机动车依赖，强化社会交往，降低孤独感，创造高品质的空间等。

促进健康和幸福感

照明与通风

- 确保建筑物有足够的通风，以提供新鲜空气，减少水汽凝结，预防过热。
- 确保房间和阳台光线明亮，日照充足。
- 避免北向阳台和单边公寓或住宅。
- 除非有充分的理由，应尽量保证住宅都有双向通风，单向通风的住宅应保证良好的通风和采光。
- 通过避免单边建筑来减少太阳热辐射。
- 确保室内交通空间和其他公共区域采光良好，且最好是自然采光。
- 确保窗户既能获得充足的自然光，又能避免过度的太阳能热辐射（请注意，既有建筑在连续使用20年后获得的"采光权"与新开发项目的采光评估有所不同）。
- 避免过大的窗户、无效或过于复杂的百叶，提供遮阳，合理开窗。

空气质量

- 确保高品质的空气质量。考虑开发项目周边的气流，包括盛行风、峡谷效应（以及无风条件下的气流）和空气源，特别是在车流量较大、污染较重的街道周边。

蓝绿空间的可达性

- 确保人们能够定期、便捷地到达高品质蓝绿空间以保障身心健康。不仅应当保证人们可以在家中看到绿树和自然景色，还应在步行范围内提供可以让人们完全沉浸的自然环境（图2.7）。

图2.7　剑桥阿卡迪亚，一个将住宅融入既有树林景观中的获奖项目

景观视线

- 为每一个房间提供宜人的自然景观视线。

私密性

- 确保相对建筑之间的私密性。一些规划政策规定了相对卧室之间的最小距离，更精细的评估则会考虑到地形、阳台、开窗位置、斜开窗、墙体角度、庭院、百叶或窗帘等细节。将住宅的朝向错开、采用天窗采光、高窄窗、高窗，或是不透明玻璃等，能够提高私密性。
- 确保首层房间的私密性，防止人们向内看。
- 最大限度地减少因为开窗和建筑结构的噪声传播。
- 减少烹饪产生的气味干扰。

安全

- 通过设计建筑和开发项目，最大限度地减少犯罪机会。
- 将私家花园背靠背设置，避免将其布置在公共可达的街道和步道两侧，从而防止干扰。

便利性

- 提供高标准的便利性、舒适性和安全性。

住宅和建筑

室内空间

- 确保起居室的面积与卧室的面积成比例，以保证充足的公共空间。
- 避免狭长的室内交通空间。
- 在任何规划申请中要求提供显示典型房间布局的家具平面图。

收纳空间

- 提供充足的室内收纳空间，同时也为自行车、婴儿车、手推车、轮椅和园艺设备等物品提供相应的室外收纳空间。
- 充分利用那些平时未被重视的空间（如楼梯下方、走廊或楼梯井）。
- 确保所有建筑都符合现有建筑规范和空间标准。

垃圾桶和垃圾

- 为住区提供统一、好用且美观的垃圾桶设施，确保倾倒垃圾桶时人行道不会拥堵、街道景观不会被破坏。
- 考虑如何优化垃圾处理，例如采用地下暗盒或管道系统来替代垃圾桶，或是采用公共设施系统，并且为未来垃圾处理方式的变化预留弹性。
- 将垃圾桶或其他回收容器设置在建筑控制线之后，使它们不那么显眼，或是将相关空间整合到建筑的正面或侧面。

图2.8 越过垃圾桶的障碍

仪表

- 将设备仪表和电缆线等整合到建筑内部，以确保它们既不受干扰又便于使用。

排水沟和管道

- 仔细设计排水沟和管道。

保温和降噪

- 保证良好的降噪和保温效果，提供舒适的环境，节省供暖费用。

实施

开发模式

- 鼓励多样的开发模式，如社区主导开发、租赁导向、自住或定制型开发（参见第5章关于总平面为何总是难以按照其愿景实施的讨论）。

运营模式

- 随着社区的发展，确保场地和基础设施的维护，以及对社区活动的支持。

3. 面向不同使用者的适应性以及应对变化的韧性

建设项目必须为我们无法预测的未来而设计，特别是在面临流行病和气候变化威胁的时代。建设项目必须具有适应性、灵活性和韧性，然而，却有太多项目连自身的基本功能和条件要求都难以满足。在考虑未来的时候，我们应当记住，尽管城市生活的很多方面都难以预测，但总有一些例外。几千年来，基本的人类需求几乎没有任何变化。人们依旧需要食物、住所和衣服，享受新鲜空气、绿地和休闲，反感拥挤、太冷或太热。人们能够自由地四处走动，喜欢社交——尽管他们对陌生人保持警惕，常常作出忽视长期影响的短期决策。

我们需要重新反思每一栋建筑、每一条街道、每一个社区，乃至每一个城市地区：它们将如何在流行病爆发或气候异常等各种情况下提供高品质的生活？

挑战

图2.9　曾经的中心商业街，需要适应其新的角色

避免过时的设计

- 避免大规模的能源或是自然资源（比如水资源）的消耗。

新的功能

- 确保设计能够适应条件变化时的新功能。如果某个项目难以满足其特定功能之外的其他功能，则应当考虑在需求或是经济条件发生变化、抑或是项目面临拆除时，这些基础设施和建筑能够如何被重新利用。面对每一个方案，我们都应当思考它还能用于做什么？怎么做？（图2.9）

变化的需求

- 通过细分空间、增加入口和功能、增减电梯和楼梯等措施来提高建筑的适应性。
- 使住宅能够适应家庭成员需求的变化，如儿童的出生和成长、转向居家办公、增设新设备等。
- 确保空间能够适应新功能。

韧性

- 使项目具有韧性：确保它能够缓和流行病、洪水、自然灾害、基础设施故障、内乱、恐怖袭击或是经济萧条等情况带来的影响，或适应其变化（图2.10）。

实践方法

区位

- 新项目的选址应使其适用于多种交通模式。
- 避免在已经面临环境压力的地方开发新项目，例如水资源稀缺或洪水易发区域（图2.11）。

开发密度

- 确保新开发项目的密度适宜，社区服务设施都有良好的步行可达性。

建筑

- 确保新建筑满足零碳的能效要求。图2.12展示了位于诺里奇戈德史密斯街的105栋住宅开发项目的一部分，该项目按照被动式住宅标准建造，成为第一个获得RIBA斯特林建筑奖的社会住房项目。被动式房屋（常用德语术语，*Passivhaus*）是一种高能效的建筑（不一定为住宅），其被动式特征（例如使用太阳能和高水平的保温隔热）减少了主动加热和冷却的需要。

图2.10 有太多项目连为其自身制定的基本功能和条件要求都难以满足

图2.11 越来越大的开发压力导致曾经的非建设用地上也出现了建筑

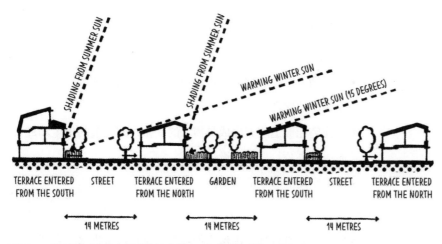

图2.12 满足被动式住宅标准的社会住房，戈德史密斯街，诺里奇

- 将首层建筑的层高设置为3~3.5m，使它们能够容易地从住宅转变为商铺、咖啡厅或办公室，或再次变回为住宅。

设施与服务

- 确保基础设施能够长期使用。
- 合理利用街道下方的空间容纳公共设施、树根、管道、防洪措施，并为未来区域供暖、制冷或循环水的需求增加时预留空间。
- 整合公共设施管道和隧道，以便在不破坏街道表面的情况下维护公共设施。
- 使污水处理、排水、供水、燃气、电力、电话、电缆、道路、人行道和自行车道等设施适用于不同的用途。

交通

- 新建道路应首先考虑步行和自行车的安全，而非车行交通。
- 确保交通网络、街道宽度和街区尺度能够满足不同的使用和开发，同时为所有年龄段和行动能力的步行者和骑行者提供舒适便利的条件（图2.13）。

图2.13 城市信息模型可以展示某个地区的通行便利程度。在此模型中，公交车站5分钟步行区域被高亮显示了

法律

- 确保相关的产权协议能够保证建筑和空间的功能转变。

停车

- 合理设计停车区域，使其在停车需求减少或消失时能够用作其他用途。

4. 被广泛使用且广受好评的空间

几乎所有开发都会对公共或私人空间产生一定的影响，不管它们是否是开发项目的一部分。开发商也许旨在提升场所的价值，为不同的人群提供高品质的空间，也许对其开发的影响并不在意。城市设计必须充分利用每一次机会，去创造成功的空间。

共同目标

广泛的功能

- 确保街区内有着各种各样有趣的空间——如提供荫凉和休憩的小型口袋公园，带有池塘或湖泊的大型公园，或是喷泉、划船池、草地滚球场、网球场、探险游乐区、足球场、野生动物保护地、咖啡厅和餐厅、乐队演奏台、健身区域、跑道或散步道、林地、草地和公共艺术装置（图2.14）。
- 确保所有空间都有明确的功能目标（最好不止一个），避免形成多余的空间。
- 使公共空间满足不同时间段、季节和天气条件下的多种功能和人群需求。

公共可达的公共领域

- 最大限度地提高各类空间——包括街道、广场、廊道、公园和商场（不管是公有还是私有）的可达性和可获得性。图2.15展示的是伦敦圣彼得教堂旁的帕特诺斯特广场。这是一个私有公共空间，业主可以随时改变其可达性。该广场由威廉·惠特菲尔德爵士（Sir William Whitfield）规划，建成于2003年，

图2.14 西班牙巴塞罗那的兰布拉，以欢乐空间闻名

图2.15 帕特诺斯特广场：既是公共的，又是私密的

它的廊柱同时作为广场下方的通风井道。

- 街道和其他空间的设计应当有助于提升失去部分感官的人群的行动能力（见"包容性设计"中的目标5）。

- 确保每个人都能在公共空间活动，自由地休憩，而不必感到他们有义务进行购物。同时确保人们可以自由地参与合法的活动，而不会对他人造成干扰（图2.16）。

- 确保对公众行为的限制不超出必要的安全管控范畴（图2.17）。

图2.16　人们应当在不购物的情况下也能够享用公共空间　　　　　图2.17　街头闲荡有何不妥?

- 《设计助手》[3]建议地方机构将《公共空间权利与义务章程》作为政策，或是新建、改造公共空间的标准。它列出了一份样本：

《公共空间权利与义务章程》的样本：

在不受任何阻碍的情况下，所有公共空间使用者都有权：

- *自由漫游。*

- *休息和放松。*

- *与他人交往。*

- *合法使用公共空间，除非明确限制饮酒、骑车、滑冰和遛狗等行为。*

- *为注册的慈善机构募捐。*

- *拍照。*

- *交易（在获得许可的情况下）。*

- *和平示威和政治选举。*

- *街头卖艺或表演（在适当的非居住区场所）。*

章程还应界定公共空间使用者、所有者和管理者的责任。

《设计助手》指出，在创作和塑造公共空间时，可能需要四种形式的管理：

- *审批新建公共空间，或对既有建成环境进行改造的（非高速公路相关的）相关提案的规划控制。*

- *针对高速公路改造（包括终止现有通行权）的高速公路法令。*

- *对改变既有历史建成环境、肌理、公共空间的保护建筑许可。*

- *考虑功能与公共空间所提供的商品或服务的街头交易许可。*

连接空间

- 将公共空间纳入蓝绿空间网络和路径中。

- 确保新建公共空间和游乐设施与步行网络连接，避免在非建设用地上开发建设，或是后知后觉地将其塞到场地边缘。

富有吸引力的空间

- 通过保持清洁、良好的维护、适宜的照明，使公共空间容纳尽可能多样的人群，并使他们感到愉悦。提供遮阳挡雨、停留休憩，反映当地特殊需求的设施（图2.18）。

- 尽量减少使用激进的安全措施，例如禁止公示、警告公示、安全围栏和带刺铁丝网。

图2.18　伦敦市中心梅费尔的欢乐公共空间

- 及时处理蓄意破坏、涂鸦和垃圾，并避免任何一种功能年久失修。

安全性与可达性

- 空间的价值源于人们对它的使用，高犯罪率、高车流量将阻碍人们使用空间。

- 根据妇女、老年人和残疾人的需要适当调整其法律义务，这三个群体对犯罪特别敏感。

- 确保监控摄像头或信息采集设备的使用不仅仅是为了收集生物信息，而是切实地合法保障了人民及其财产安全（图2.19）。

- 避免张贴警告来强化敌对和恶劣环境的表象，这可能造成恐惧和焦虑，从而产

图2.19　监控摄像头不应仅仅用于采集生物数据

生相反的效果。

- 确保房间可以俯瞰公共空间、小径和人行道，使路人感到更安全。

常见问题

围合空间

- 在围合空间、监管需求，以及日照和通风之间寻求平衡。在围合空间时，应避免使其过于封闭或开放。一些城市设计导则指出，街道不同的高宽比将决定该空间让人感觉压抑还是开敞。事实上，这并不是一定的。空间的功能、朝向、建筑类型、街道的转角是否强化了围合感，街道景观设计、地形特征等，都会影响人们对空间围合感的感知（图2.20～图2.22）。回忆那些我们熟悉的空间，看看它们的尺度、围合建筑类型和空间感受有助于我们规划和设计空间。
- 避免形成由高层建筑围合的深而连续的街道峡谷，它们会聚集污染物、阻碍热量辐射回空中。
- 在围合空间中引入自然要素：在街道尽头使用树木（特别是森林树种）作为景观收束，或是在街道中间种植行道树形成连续的遮阳（图2.23）。
- 将居住建筑布置在外围街区（使其公共界面朝向街道，私密区域位于建筑背后）（图2.24）。
- 利用建筑的中断（由沿街建筑的立面形成）来创造有趣、丰富，并且小而可用的公共空间。重要建筑可以适当后退或突出。

边界

- 通过边界（如墙体、轨道、围栏、树篱，或是它们的组合）来确保安全和隐私，创造围合感，引导方向，提高可达性，保证俯瞰视线的通畅以提供自然的监控（图2.25）。
- 在前院或街道两侧采用绿色的柔性边界，而非实墙或围栏。

自然采光

- 确保公共和私人开放空间有充足的日照，也有足够的遮阳。

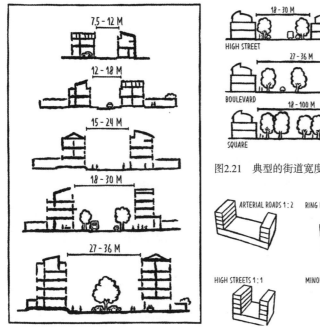

图2.20 建筑的尺度应与街道宽度协调

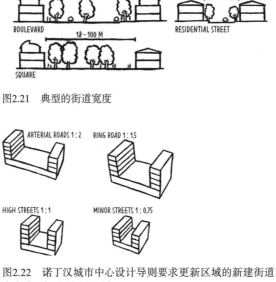

图2.21 典型的街道宽度

图2.22 诺丁汉城市中心设计导则要求更新区域的新建街道应当满足如图所示的围合比

图2.23 哈洛纽霍尔的住房，该空间不仅仅是供汽车使用的，行道树强化了这一信息

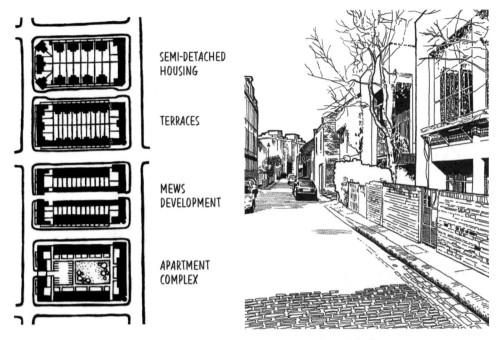

SEMI-DETACHED HOUSING

TERRACES

MEWS DEVELOPMENT

APARTMENT COMPLEX

图2.24　外围街区形式中的四种住宅类型　　　　图2.25　边界有助于塑造街道

- 在确定建筑朝向时，充分考虑日照和通风。

人工照明

- 在小范围（如影响卧室的侵入光）和更大范围（天空辉光）内控制光污染（计划外的光排放）的滋扰、对生物多样性的影响，以及能源浪费。
- 将光源固定在建筑或构筑物上，避免造成混乱。
- 提供适宜于人体尺度的照明，而非适宜于主干道的强光照明。
- 考虑光线的色温，它不仅会影响人的情绪，还会因光污染反射至卧室时影响睡眠模式。
- 照亮重要建筑、树木和公共艺术的立面。

富有活力的界面

- 避免沿街界面单调无物。提供窗户、门和其他功能，增加行人的趣味性和愉悦性（图2.26，图2.27）。
- 避免采用死气沉沉的立面，例如2m高的封闭式围墙，位于高速公路前方（图2.28）。

图2.26 伦敦南部一家富有活力的超市立面

图2.27 伦敦南部的商业公园,面对一堵白墙,且远离唯一的入口

图2.28 高高的篱笆景观使步行的地方变得没有吸引力

- 确保街道和私人用地之间的边界具有吸引力,例如树篱、花园和精心设计的建筑(图2.29)。
- 避免在店铺立面上使用会给人带来消极印象的安全百叶窗或格栅,可以使用夹层玻璃等安全替代品。可以考虑通过协议来控制这一点。

植被

- 种植落叶树和灌木,保证不需要遮阳的冬天有阳光,同时种植常绿植物以保障一年四季都有绿化。
- 种植树林,改变街道和公共领域的外观。
- 充分利用植物叶片、树皮、色彩和花果的装饰性品质。
- 利用植物的蒸发作用降温。

图2.29 每个开发项目都应促使沿街漫步成为一种愉快的体验

图2.30　伯明翰独特的街道标识

座椅

- 提供各种座椅，包括带扶手和靠背的椅子，以及更舒适的木制座椅。

- 经常提供座位，使公共空间更加实用舒适，为那些经常需要休息的步行者提供便利。此类座椅应靠近人行道，位于阳光充足、通风良好的地方，可以欣赏风景，也有遮阳处，并且应避免阻碍建筑物入口或视线。

- 提供坚固的街道家具，精心布置它们的位置（图2.30）。

高层建筑

- 通过评价用地修建高层建筑的适宜性，并制定评估高层建筑方案的评价标准，来减少高层建筑的影响。

- 通过后退处理高层建筑的上部，来避免形成令人不适、甚至危险的风环境，确保没有垂直接地的高层建筑立面，或是由大尺度、完整的高层建筑立面形成的缝隙空间。可以使用物理风洞测试或流体力学建模来测试风环境的影响。

- 限制高层建筑对视线、阴影、微气候和交通拥堵（车辆和行人）及其服务需求的影响。

艺术与文化

- 设计开放空间以用作艺术表演和临时展览，或是在其他时间用于其他目的。

- 提供艺术作品，使公共空间更加宜人、有趣或更有内涵（图2.31）。

其他

- 最大限度地减少标识。

- 将指示牌安装在街道上既有的电线杆、门柱、柱廊、墙壁或栏杆上。

- 精心布置电动车的空间和充电桩的位置以避免街道杂乱，并为步行或使用轮椅的人保持人行道的畅通。

维护

- 明确安排空间的维护和使用，包括照明、街道家具、铺路、景观、种植、树木、公共艺术品、水景、标志、围墙和围栏，促使更多的人形成普遍的所有权意识。

- 确保街道提升方案能充分适应日常维护，使工作可以顺利开展。

图2.31　河流，当地人称之为浴缸中的女子，是杜茹瓦·米斯特里（Dhruva Mistry）在伯明翰维多利亚广场创作的艺术品。可悲的是，喷泉已经坏了，并且池中塞满了土壤和植物

材质

- 使用美观、耐用、优质、精心制作的铺地材料（图2.32）。

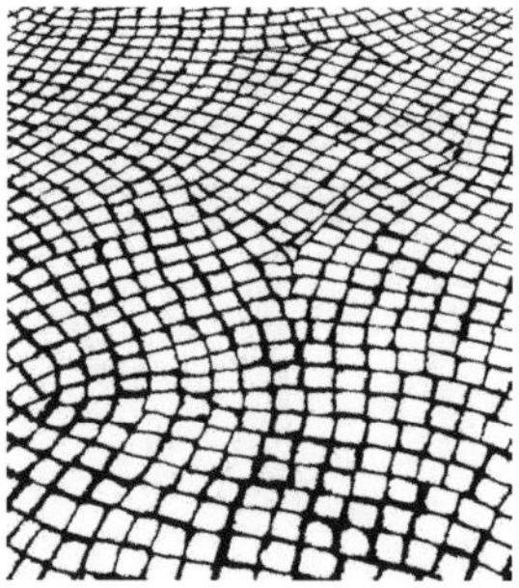

游戏和娱乐

- 在家里、街道上，当地大大小小的公园里和大型游乐园、球场和公园中，为所有年龄段的儿童和青年提供各类游戏设施。
- 在住宅门前提供游戏设施（专为游戏设计的小型空间）。
- 将一些街道设计为游乐街道，让孩子们有能够安全玩耍的空间。

图2.32　花岗石铺砌的街道

微气候

- 设计公共空间时要考虑当地的微气候（图2.33）。
- 确保建筑物投射的阴影是令人愉悦的。
- 避免建筑物周围形成倒灌风。
- 提供避风场所。

噪声

- 从源头上解决噪声：将交通速度降低到20mph（30km/h），并在高速道路上使用降噪路面或设置障碍物减速。
- 使用流水声和沙沙作响的植物来掩盖公共空间中不必要的噪声。

建筑控制线

- 确保开发项目充分利用建筑控制线的后退部分来创造可用空间，而不是被遗忘的小块用地。

食物

- 提供生产食物的空间。

稳静交通

- 确保街道的安全性。
- 使用狭窄的车道以鼓励低速交通。
- 清除不必要的交通管理基础设施，如信号灯、交通标志和道路标线。这鼓励道路使用者更仔细地关注环境，留意行人，并降低行驶速度。

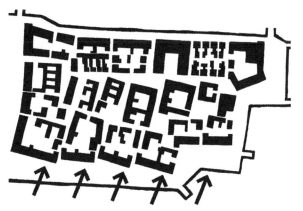

CAR PARKING

图2.33 瑞典马尔默：建筑物的布局将寒冷盛行风对公共空间的影响降至最低

图2.34 塔姆沃思的创业零售园，阴影区均为停车空间

地面排水

- 在街道设计中考虑地面排水。
- 避免采用不自然、过分工程化、缺乏美感和趣味性的排水设施。

停车空间

无车环境

- 考虑是否设置停车场。了解修建停车场的成本，包括土地占用、密度降低、到商店步行距离的增加、径流与洪水风险增加，以及可开发用地的损失（图2.34）。考虑可能的替代方案，例如步行街区。

- 请记住，如果汽车共享和移动服务进一步发展，汽车保有量将下降（移动服务通过统一的网关将公共和私人交通服务结合起来，该网关创建并管理出行，用户可以通过其账户支付费用）。

停车的选址和方式

- 考虑停车场的选址：
- a. 在街道上，与路缘平行或成一定角度，供游客和日常使用（图2.35）。
- b. 沿街的住宅配套停车（位于人行道旁或街道中间）。

图2.35 冈沃夫码头，普利茅斯：历史悠久的铺石路面被重新利用为停车空间

c. 地面停车，最好设置在住宅一侧而非其正前方，服务于独立式住宅或联排住宅。此类停车场可以是开放或盖顶的，也可设置为室内私人车库（图2.36）。

d. 并排停车（前后相连的车位），可以减少用地宽度和停放车辆的视觉影响。

e. 停车场，但应注意其适用范围。曾经有一段时间，后侧停车场被认为是一个良好的通用方案，将汽车塞进住宅开发区的背后，可以降低汽车对街道的影响。事实证明，停车场的设计必须非常审慎，居民常常选择危险而杂乱地将车停在人行道或草地上，而不使用停车场（图2.37）。大多数停车场都会因为需要相应的回车场而造成空间浪费，利用既有街道停车则不存在这个问题（图2.38）。大部分用地除停车外难作它用，同时又需要额外的基础设施来应对日益增加的径流和洪水风险。

图2.36 这里的地面停车显得过犹不及：剑桥诺斯托的这些房子除了门前区域，整个一楼都用于停车

减小影响

• 将停车场设计为公共空间，使其在没有停车时也具有吸引力和可用性，例如避免使用沥青和油漆线。

• 通过大面积的绿化来减少停放车辆的视觉影响。

• 避免在住宅的建筑控制线和人行道或人行道路缘线之间设置停车位。在该区域停车将损害其公共空间价值，使其仅仅成为汽车驶上公路的过渡空间。它还使得从人行道或住宅室内向外看到的是汽车和停车场，而不是花园或公共空间，导致汽车仿佛成为室外世界的主要要素，它还可能导致人行道成为被汽车包围的线性空间，而减少步行、降低散步的乐趣。

• 说服居民和游客不要将车停在草地边缘或人行道上，并确保可以强制执行。

图2.37 停放的车辆阻断了新建住宅前的通道，埃布斯弗利特，肯特

图2.38 设计欠佳的停车场造成了空间的浪费

其他停车问题

- 一些居民可能希望停放面包车和小型卡车。
- 停车往往是老年人对其居住环境最关切的问题。
- 通过提供不分配给特定家庭的停车位以确保灵活性。

私人空间

住宅和花园

- 为两居室及以上的住宅提供私密、封闭和可用的阳台、露台或花园。
- 确保私人花园、庭院和阳台是安全且私密的。

晾晒空间

- 在室外提供适宜的衣物晾晒空间。

5. 可达性与可通行性

　　建筑和空间存在于四个维度中。它们的生命来源于人们在它们身边、内部和周围的流动，以及它们对更广阔世界的影响。它们的设计将决定其可达性：人员、商品和服务到达建筑物、场所或设施的难易程度，以及由此而消耗的资源。人们对建筑或空间的体验也将取决于寻路的容易程度：项目的可通行性或易明性。一个可通行且易明的项目、街道、街区或城镇将使用户易于理解并定位，从而受到人们的喜爱。

图2.39　为骑行而建

对可达性的考虑

可达的目的地

- 选择步行、骑自行车和公共交通可到达的地点（图2.39）。
- 避免开发项目导致汽车依赖，使正常生活离不开汽车。
- 鼓励能够实现一定程度自给自足，而不过分依赖周边社区的开发项目。

交通的所有形式

- 将进入、离开场地和在场地内部的交通都考虑到，包括人、商品、服务、垃圾、水、燃料和能源等要素的交通物流。
- 考虑所有形式的交通和基础设施，包括人行道、自行车道、新火车站、有轨电车线路、轻轨、公共汽车和专用巴士、交通服务和汽车共享计划、运河和河流走廊，以及管道、线缆、桥梁和隧道。

多方权衡的决定

- 在与其他类型的交通投资（如公共汽车和火车）进行比较时，要充分考虑机动车经济在资源、环境和健康方面的实际成本，包括车辆制造的资源和环境影响；驾驶的私人成本（如汽油、保养和维修、折旧和融资）；以及间接的（经济学家可能用"外部的"）社会和经济成本（如污染、温室气体排放、为停车预留的土地价值，以及与道路伤亡有关的成本，包括人类的痛苦，以及由于恐惧受伤而限制自由所产生的影响）。

避免对道路基础设施的偏见

- 对只考虑车辆使用，忽视公共交通、步行、自行车以及健康和环境影响的交通模式提出质疑。
- 将任何可用于改善基础设施的资金用于能够提供有吸引力的、无车出行和公共交通选择的有效设计和设施。
- 避免花费在标准化的车辆优先的基础设施上：包括宽阔的十字路口、环岛和其他被认为是传统交通容量计算所需要的高速公路要素，以及面向极端高峰期车流量、而非一般使用的设计策略。
- 拒绝因为新技术尚未成熟而建造更多传统道路基础设施的建议。英国、欧洲其他国家和地区的发展，提供了大量更加健康且更少污染的交通模式实例。
- 通过智能票务鼓励公共交通使用，使其更加友好、方便、安全、直接和富有吸引力，通过连接重要目的地使得人人都可使用。

安全及安全速度

- 确保合理执行面向道路使用者的相关法律，使人们能够安全使用街道、考虑撞击速度与伤亡风险的关系以及交通速度是否在行人和骑行者的判断范围之内。儿童可能不具备判断时速超过20mph（30km/h）交通的认知能力，且容易作出轻率的判断。老年人（由公共部门的平等义务所涵盖）也可能存在判断交通方面的困难，并且因为步行很慢而增加了暴露在危险中的时间。

图2.40　在伦敦市中心这家酒店的入口处，行人的空间极少

步行者与骑行者优先

- 适当考虑公路和规划政策以及指导中的先后次序：优先考虑步行者和骑行者，其次是公共交通和服务车辆，最后是私家车（图2.40）。同时也需要考虑儿童和《平等法》所涵盖的人，包括老年人和残疾人的需求。这里的"适当考虑"是指作出决定之前，有一个翔实的调查过程。

常规设计，而非极端设计

- 将在城市地区，满足人们日常需求作为设计的首要任务，而不应以大型车辆或超速驾驶者的需求或高峰期车辆流量为设计依据。
- 在一天中特定时间出现一定程度的拥堵会促使人们作出更明智的出行选择。

关注儿童的设计

- 在街道设计中考虑6岁儿童的需求，在社区规划中考虑9岁儿童的需求，在城镇规划中考虑12岁儿童的需求。

包容性设计

- 采用包容性设计的原则。这些原则包括：包容性，使人人都能安全、轻松而有尊严地使用；响应性，反馈人们的真实需求；灵活性，不同的人能以不同方式使用；便利性，每个人都能轻松便利地使用；适应性，所有的人都能使用，无论他们的年龄、性别、行动能力、种族或情况如何；友好性，不存在可能排斥某些人群的障碍设施；现实性，认识到一种解决方案可能不适合所有人，提供不止一种解决方案来平衡不同人群的需求（图2.41）。
- 为有行动（或其他）障碍的人——无论是永久性的还是临时性的——而设计，包括轮椅使用者及其照顾者、行走有困难的人、带着婴儿车的人及其照顾的孩

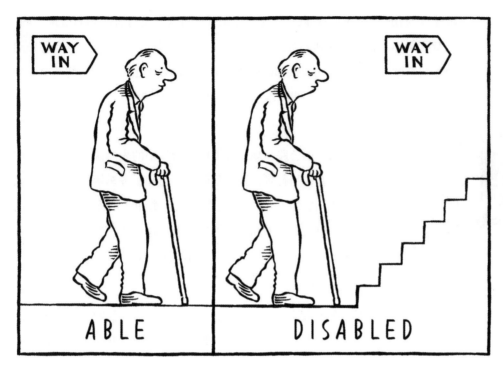

图2.41　建筑可能带来障碍

子、视力或听力有障碍的人、老年人、协调性或呼吸有问题的人，以及有精神
健康问题的人。

合理性

- 合理设计街道平面，合理布局建筑、地表和开放空间，使它们符合逻辑、易于
  理解和使用（图2.42）。避免设计"住宅"街道平面（包括扭曲的、蜿蜒的或对
  称的），这些布局在平面上或许美观，但常常缺乏意义且令人困惑。
- 确保人们在没有传统标识牌的情况下也能判断机动车、骑行者和步行者所属的
  区域。
- 提供地标、其他要素，最后采用标识牌，来帮助人们定位和寻路（图2.43，图2.44）。
- 确保有视觉障碍的人能够容易地寻路。
- 在设计鲜有差异的人行道和车行道时，应考虑视觉障碍或其他残疾人士的需求
  （图2.45）。

图2.42　该平面显示了纽霍尔的布局［2009年埃塞克斯郡哈洛的一个社区，由罗杰·埃文斯（Roger Evans，Studio REAL）进行总体规划］与南部附近住房之间的对比

图2.43　一个场所的易明性越差，需要指示牌的可能性就越大

图2.44　建筑的大门应当明显。由丹尼尔–里伯斯金设计的位于曼彻斯特的帝国战争博物馆，北侧的主入口主要依赖指示牌

图2.45　此处的铺装很窄，它本应是一个共享的带状空间，但图纸表达有误

外部连接

- 确保开发项目的新建道路与既有路网良好连接，与既有交通方式有效融合。
- 重新思考道路的使用方式，包括为巴士、步行者和骑行者分配更多的空间。
- 确保对既有道路的改造能够保证步行者和骑行者的安全和便利。
- 确保街道能够便利地容纳电力、水道和电缆等基础设施。

内部街道布局与设计

作为场所的街道

- 街道不仅是为机动车通行而设计的，还应连接建筑，方便步行者和骑行者出行，为公共活动提供空间。图2.46是波因顿柴郡的一个十字路口。在本·汉密尔顿–贝利（Ben Hamilton–Baillie）将其改造为宜人的步行空间之前，机动车主导着整个柴郡。改造后，车流量得到了控制，交通事故也有所减少。
- 保证街道的连通性，使任何人都可以便利地到达其目的地，避免过长的尽端路（图2.47）。

设计标准

- 大部分国家公路设计指南和标准（包括路标、道路宽度、路面标记和铺地等）是建议性，而非强制性的。重新审视汽车优先的道路设计。地方当局需要通过研究和讨论来制定自己的方案。
- 认识到步行者、公共交通和骑行者对街道的使用效率高于私家车。
- 确保所有安全审计以城市街道而非主干道为标准开展。

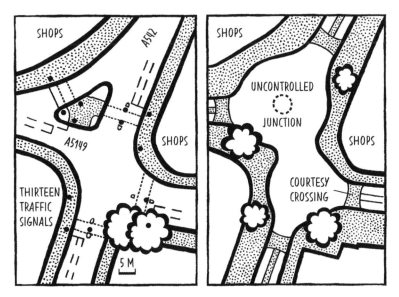

图2.46　改造前后的十字路口，柴郡，波因顿

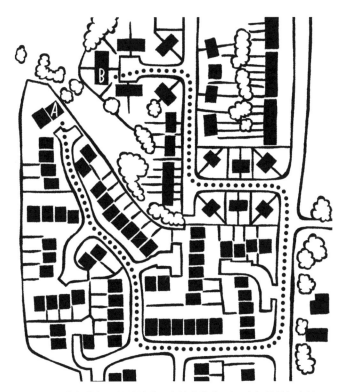

图2.47　设菲尔德郊区的尽端路：虚线为住宅A和B之间的最短路径

转角与转弯半径

- 避免过大的转弯半径和过宽的视线，它们会使司机提高车速而导致更多的事故（图2.48）。较小的转弯半径和较窄的视线使司机更加谨慎，减少了十字路口处的车行空间，也使得行人的过街路线更短更便利。

图2.48　左侧更小的转弯半径能够降低车速，提供更加便利的步行路线

- 满足大型车辆的通行宽度，但不以此来主导方案设计。应当意识到这些车辆的驾驶员有着车辆本身钢结构外壳的保护，而步行者和骑行者没有。

交通稳静化

- 通过道路布局设计来自然地控制车速，尽量避免使用减速带或弯道来降低车速。
- 尽可能少地使用指示牌、路面标记和与机动车有关的街道家具等设施，以免给人留下机动交通占主导的印象。
- 设计低交通流量的街区：由主干道或交通分散道（更适合巴士、卡车和非本地交通的道路）界定的居住区道路，应当不鼓励甚至禁止机动车通行。住区应当至少包含一条商业街。居民可以选择驾车出行，街道也能够通车，但应当确保两条主路畅通无阻地连接。主要道路的改造同样应当考虑步行者和骑行者，并且居住区道路应当和其他低交通流量的街区保持良好的连接。

照明

- 确保通过照明使街道和其他公共场所在夜间更安全，天黑后更实用、更舒适，强化建筑的特色，并帮助人们寻路。
- 避免光污染和令人不悦的照明，如射入卧室的光线，这会干扰睡眠，并影响人们的健康。

模式

步行

- 牢记可步行住区的规模通常而言指的是能在15min内到达主要公共服务设施的规模。对大多数人而言,它对应的空间范围是800m到1km多一点。这取决于地形、街道形态,以及车行道、轨道线和水路的影响。

- 在场地外提供新的步行路线,包括使人们能够方便地前往商店、办公地点和休闲设施的新路线,以及通过步道连接自然景点或增加既有路径间的联系而形成的环线。步行网络应当回应既有的开发项目,而不一定能满足新的要求。新的开发项目内部和项目之间应当修建新的步行道。

- 考虑开发项目建成后在主要道路上步行的安全性。乡村道路往往狭窄且有着较高的车速。树篱后的步行道通常比直接毗邻车行道的步行区域更加安全。

骑行

- 修建自行车基础设施,将开发项目与工作地、商店、乡村、其他设施,以及项目内的各类设施连接起来。一个拥有完备基础设施的骑行场所,其标志是人们穿着便服而非运动装备即可骑行。

- 在所有工作区域设置自行车停车场。

- 将自行车停车场设置在比汽车停车场更靠近建筑主入口的地方(残疾人专用停车场除外)。

- 设置能够安全便利地到达的自行车停车位。

- 在住宅内部或旁边,以及街边设置安全的自行车停车空间(避免人们不得不带着自行车穿过住宅)。

- 在公共的、可见的区域(包括居住区街道和公共空间)为短期访客提供自行车停车位。

巴士

- 将开发项目规划在巴士路线沿线,以保证高频且可靠的公共交通服务。相关案例包括在两个城镇之间的主要线路上进行城市扩展,使既有的巴士服务能够更好地支撑新的开发。最不利的选址是远离主要线路的孤立地块，如隔离医院、机场和前国防用地。

- 避免使公交路线在通往市中心时绕过新建住区，这会延长交通时间，减少公交使用，特别是在驾车出行对有能力的人来说仍旧是至今为止最便利的选择的情况下。

- 确保开发项目有足够的密度（通常是35户/hm²以上）来支撑公共交通。

新的车站和改善服务

- 开设新的火车站。

- 增加火车的班次，包括地铁化（通过提供更可预测的服务来调整铁路线，提供更高的连通性、更多班次和更新后的换乘站点、更大的容量、更可靠的服务、更好的顾客体验、更短的旅途时间，通过提高火车加速和减速的速度、增加车门宽度来实现更快的上下车）。

电动汽车

- 将电动汽车视为解决交通问题的部分方案。汽车生命周期中的大部分温室气体排放，包括行驶的旅程，都发生在汽车制造过程中。电动汽车只能在一定程度上缓解空气污染，因为轮胎磨损产生的微粒是导致肺部问题的重要因素。

特征

人行入口

- 确保入口明显，在街道上可见。

- 在街道上建筑开设大门。

- 确保残障人士也能从和其他人一样的路线进入建筑（图2.49）。

车行入口

- 避免因设置过大尺度的车行入口而打断建筑的连续性，造成视觉上的不悦。

座位

- 在主要步行路线上有规律地提供休息场所。

图2.49　有限的可达性

其他

- 提供清晰、直接、平坦且无杂物的铺装和人行道。
- 确保垃圾桶、储物柜等街道家具以及行道树，都布置在毗邻车行道的家具区域，同时保留至少2m净宽的步行空间。
- 避免不必要的道路标记。

服务设施的可达性

- 将服务通道（包括垃圾收集、送货和搬运）纳入开发项目中。

运输和收集

- 在合理的距离内提供装货区。
- 在住宅内设置安全设施以接收包裹。

6. 生物多样性

生物多样性是地球上生命的多样性及其相互作用。我们能从呼吸的空气、饮用的水、食用的食物和享受的绿地中体会到它。我们的生活有赖于它。保持良好的生物多样性，将产生精细平衡的栖息地和健康的地球。每一个开发项目都提供了一个增加生物多样性的机会。

栖息地

本地环境

- 识别并理解现有的栖息地（包括土壤、植被、水和野生动物的类型）和气候（包括温度、风、降雨和洪水）。
- 扩大并强化现有栖息地，创造新的栖息地，并建立林地和河道等缓冲区以保护其周边环境的生态特征。

连通栖息地

- 通过创造廊道来连接栖息地，特别是沿着河道、树林和树篱，保障物种能够四处迁移。

- 识别阻碍野生动物（包括鸟类、哺乳动物、两栖动物和昆虫）活动的障碍，如道路、栅栏、墙壁、被树篱和树冠等覆盖物遮挡的空隙，以及中断的水道（包括混凝土覆盖部分和没有永久性地表水维持生命的地区）。
- 为刺猬和獾在花园之间建立地下通道，使野生动物可以通过。

栖息地保护

- 为栖息地长期的管理、维持和保护创建一个整体战略。

繁殖和筑巢地点

- 识别草地、湿地、花园树篱和林区，注意一些可能被水淹没的草地区域不适合某些鸟类筑巢等特点。
- 在建筑的外墙和屋顶设计中采用特制的壁架和砖瓦，为雨燕、蝙蝠和其他鸟类提供空间。
- 采用蜂砖，特别是在附近有花蜜来源、向光的墙面处，为蜜蜂提供栖息场所。

照明与光污染

- 照明设计应尽量减少对野生动物的影响，包括一般的蛾子和昆虫，以及依赖它们的哺乳动物和鸟类，如蝙蝠和猫头鹰。

噪声与噪声污染

- 将交通速度保持在20mph（30km/h）以下，并在项目设计时尽量减少对机动车运输的需求，从而最大限度地减少噪声。

除草

- 确保除草周期有助于保护野生动物。规律的除草有助于促使特定类型的野生动物繁殖，而不规律的除草可能影响它们的生息繁衍。
- 通过设置物理障碍来避免过度除草对生态价值的破坏。
- 仔细考虑除草设备进入场地和开展施工的实际情况。

矿物质

- 坚持在矿产开采后进行促进生物多样性的恢复工作，包括将场地留给自然而不采取任何措施。

水

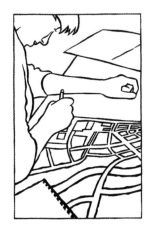

图2.50　总体规划：从水开始

从水开始

- 确保总体规划和其他设计过程从水环境开始，详细考虑降雨、排水和洪水问题（图2.50）。如果这些问题留到以后再解决，那么可操作的余地将微乎其微。

水网

- 恢复现有的水网：将日照引入隧道和涵洞，并在混凝土水道中引入物种。其中，鱼类生活环境通常需要全年保持至少10cm的水深。
- 鼓励自然溪流或河流的形式，包括水池、涟漪（较快的水流搭配砾石）、蜿蜒和洪泛平原。
- 创建新的蓝色基础设施（池塘、河流和运河等与水有关的要素，特别是那些用于休闲和野生动物生存的网络）。
- 确保进入水网的水没有污染。
- 识别潜在的污染源，如复合下水道系统（即污水下水道和地表排水合并在同一管道系统中，或污水与地面排水的连接）。

地面排水

- 将地面排水整合到景观设计中。
- 进行雨洪管理以防止未经处理的雨水排放到场地外。这可以通过使用雨水花园、生物滞留和渗透种植园、雨水收集设施、多孔路面等地面、植被沼泽和生物沼泽、绿色屋顶、树木、口袋湿地、再造林和再造植被，以及保护和加强河岸缓冲区和洪泛区来完成。这些措施通常称之为可持续排水系统（SuDS）。
- 将沼泽地和池塘等排水设施串联成一个湿地系统。
- 避免建立大型地下储水箱形式的雨水排水系统。
- 对池塘的边缘进行分级，包括干燥平坦的岸边、平缓的斜坡、潮湿的浅水区和较深的深水区域。
- 使用本地的湿地植物，避免入侵物种。
- 避免仅有防洪单一功能的蓄水池，而应兼顾生境和景观价值。
- 确保排水系统的维护资金及时到位。

- 采用雨水回收屋面系统临时储存雨水，而非将其尽快排走。
- 在沟渠和排水槽中为两栖动物安装梯子。
- 避免使用有栅栏的排水管，因为这可能会困住两栖动物。

树木和植被

图2.51 普利茅斯炮码头的植树活动

策略

- 制定一个关于树木和植被的整体策略，包括长期维护管理的资金来源（图2.51）。

设计

- 通过植树来拦截暴雨、减少山洪；减少局地极端气温（城市热岛效应）；通过为野生动物提供食物和庇护所来增加生物多样性；通过清除空气中的灰尘和微粒来减少污染；并提供遮阳，减少夏季的热量。
- 每当根据规划许可而移植树木或植被时，都应大规模重新种植。
- 保留对野生动物有重要意义的树木。保护老树和那些有裂缝、裂纹、树皮脱落和腐烂孔的树，它们对野生动物，包括蝙蝠和仓鸮等保护物种，是有价值的。

树篱

- 提供树篱作为小动物的栖息地、作为噪声和污染的屏障，并减少水分流失。

街道和树木

- 考虑植树，包括树林的选址。适宜种树的地方包括街道中间、十字路口、需要遮挡街道视线的广场、林荫大道，提供连绵的树荫。

花园

- 思考如何鼓励并建议业主将他们花园的生物多样性最大化，最小化其环境危害，例如种植本地植物，尽量减少使用人工化肥、杀虫剂和杀菌剂。

植物

- 种植本地物种，因为它们适应当地气候且支持现有生态系统。
- 种植富含花蜜和花粉，以及产浆果和种子的物种，以全年支撑野生动物的生存。

- 种植一系列能够在春季和秋季均匀提供花粉和花蜜的树木。
- 采用有利于过敏症患者的城市种植政策，如避免只种植雄性树木的普遍做法。
- 在设计种植时要考虑到土壤类型、风、树荫、干旱和洪涝的影响。

7. 有效利用资源，最小化对其他资源的影响

开发项目的设计和建设使用了资源，并决定了我们未来几年对资源的消耗。我们不仅要对现在的生活负责，还要对在其他地方和未来受到相关影响的人们负责。在气候紧急状态下，地球的未来正处于危险之中。需要在建筑、街道、社区和城区等不同尺度下采取行动。

能源

能源等级

- 采用能源分级措施（图2.52）。

1. REDUCE THE DEMAND FOR ENERGY.

2. MEET ENERGY REQUIREMENTS AS MUCH AS POSSIBLE FROM ON-SITE RENEWABLE OR LOW-CARBON SOURCES.

3. MEET AS MUCH AS POSSIBLE OF THE REMAINING DEMAND FROM OFF-SITE, LOW-CARBON TECHNOLOGIES.

4. USE DECENTRALISED AND DISTRICT SOURCES WHERE POSSIBLE.

图2.52 能源分级措施

布局

- 同时布局热能供应商和他们潜在的用户。

能源

- 保存既有建筑和构筑物的能源（包括在提取、生产、制造、运输、建造、维护、拆除和遗弃它们自身及其原材料中所使用的能源）。
- 通过减少建筑和构筑物的材料用量，或通过设计延长建筑的使用寿命，最大限度地减少建筑和构筑物的能源（图2.53）。

墙体保温

- 在不影响视觉效果的情况下，谨慎地安装外墙保温材料以提高能效。

光电技术

- 在屋顶上安装光伏发电装置和太阳能电池板，或预留安装的位置。

街区供暖

- 通过街区供暖系统供暖。

垃圾

垃圾管理

- 整合垃圾管理系统与分散的能源系统。
- 通过再利用现场材料等手段来尽量减少建筑垃圾。
- 说服建筑承包商制定工地废物管理计划，促进使用更为经济的建筑材料和施工方法。能够在不得不废弃之前，再利用、再循环或再修复所有垃圾，从而最大限度地减少垃圾。鼓励建筑承包商采用新技术，如能够减少施工期间的垃圾并减少噪声和污染的加固运输车辆，采用预制和模块化施工。
- 规划好如何处理建筑垃圾。
- 提供收集、分类和处理垃圾的设施。

雨水

- 通过收集雨水来灌溉花园或供日常家用，以尽量减少饮用水的消耗。

地面排水

- 地面排水的设计对生物多样性和资源都有影响：详见目标6（生物多样性）。

图2.53 明确表达你的意思

材料

耐用性

- 选择建筑材料时考虑其耐用性和坚固性。

本地采购

- 尽可能在当地采购材料，以减少对运输的需求。

劳动力

- 雇用本地的劳动力（图2.54）。

基础设施

- 在设计道路、街道、下水道和服务设施时，应当注意它们将因其物质形态和法律界定的边界而固化。

图2.54 雇用本地劳动力是有意义的

建造

- 使用模块化、非现场施工方法。

树荫

- 避免日晒导致的建筑物夏季过热。

停车

- 为共享汽车提供停车场。

电动汽车

• 提供电动汽车充电桩，以及其他支持低排放量汽车的基础设施。

通风

• 确保无论是当下还是将来在改造中取消空调后，建筑的体量和进深都适合于自然交叉通风。

蓄热体

• 利用大面积的蓄热体来提供被动式降温，无论是现在还是将来在改造中移除地板覆盖物后（图2.55）。

高层建筑

• 考虑到由于空调的使用，高层建筑往往比低层建筑有更多的碳排放。

8. 美观性和趣味性

图2.55 采用蓄热体来提供被动式降温

美是一种高度愉悦感官的品质。城市设计师关注所有的感官，尤其是视觉，他们从统一、规模、布局、表达、比例、秩序、细节和风格等方面讨论这些问题。他们希望能创造或促进美。他们所面临的挑战是如何与那些由不称职的从业者所设计的"视觉炸弹"的力量作斗争：糟糕的细节，劣质的施工，以及大量在车行道停放的汽车和垃圾箱。

活动与生活

关注的事物

- 在办公室等场所设置面向街道的大面积开窗，以便人们能够看到里面的情况。

- 避免空洞乏味的立面。

- 提高人们对前花园的关注度，避免在花园中停车（图2.56）。在前花园中使用混凝土修建停车位会影响街道的美观，挤占公共停车位、减少生物多样性，汽车倒车时可能会危及儿童的生命，增加洪涝风险，同时还会因过多的径流减少地下水。

图2.56 图中两个位于前花园处的停车位削弱了人行道的步行体验

材料

- 审慎地选用建筑材料，使其在新建时和风化后看起来都有吸引力。要求提供建筑风化后的视觉效果。

- 采用易于维护的材料，避免难以维护或更换的材料。

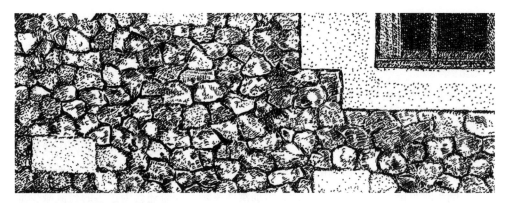

图2.57 威斯敏斯特教堂大楼墙壁上的火石，1940年完成

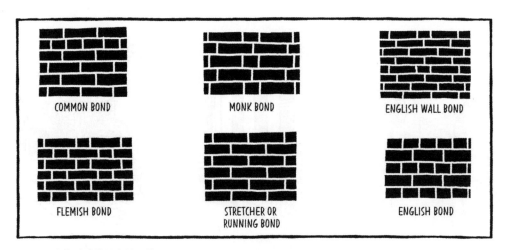

图2.58 众多砖雕作品中的几件

- 确保材料能够使开发项目与周围环境融为一体或区别开来，耐脏、不会导致光污染，并且触感舒适（图2.57）。
- 确保砖石的颜色、质感、砌筑方式和灰缝是合理的（图2.58）。
- 避免在传统建筑中使用不透水的波特兰水泥砂浆，因为这可能会造成损害。

屋顶

- 避免设备或栏杆等过分突兀的屋顶，它们并不属于建筑本体的部分。

- 将各类设备整合在建筑轮廓之内。
- 确保各类空中缆线和设备不会杂乱无章、影响街景。
- 将光伏设施和太阳能电池板整合到屋顶结构中。
- 采用公共的天线或卫星信号器，从而避免大量的小型设备。

商店立面

- 避免在商店立面采用不透明的百叶窗造成消极空间，因为难以吸引路人。可以使用钢化或夹层玻璃来提供必要的安全性。

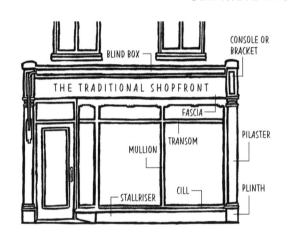

- 保留传统的店面特征，如门、挡板、横梁、窗棂和玻璃条（图2.59和图2.60）。店主可能会试图拆除这些东西以创造开放感，但这可能会破坏建筑的完整性，以及街道的独特性和趣味性。
- 将公司的招牌设计整合到店面设计中，从而反映建筑或街景的特征。
- 鼓励橱窗装饰设计，避免采用不透明的或印刷的塑料薄膜覆盖玻璃。

图2.59 传统店面要素

图2.60 许多传统店面的侧面都有装饰的托架

垃圾桶

- 细化垃圾管理系统，避免同时使用垃圾桶和垃圾袋，例如地下暗盒或气动系统。
- 确保垃圾桶和回收箱在街道上不显眼，且垃圾桶的容量够大。
- 将垃圾收纳与建筑立面整合起来，避免它们遮挡视线，特别是在住宅入口处。
- 确保在垃圾收集时垃圾桶不会造成不便。

停车

- 将停车场纳入绿色基础设施，以缓和汽车的视觉影响，改善空气质量并促进生物多样性。
- 将停车位和车库设置在不影响街道景观的地方。

照明

- 将街道照明整合到建筑上，减少街道的杂乱感。
- 采用有吸引力的柱子和灯具。
- 为街道照明选择有吸引力的色温。
- 避免高大的照明柱，因为它在开发项目之外很远的地方都可见。
- 用泛光灯或水洗灯照亮重要建筑物，同时也要注意避免光污染。

建筑控制线

- 除非有特别的理由，否则应确保新建建筑遵循由沿街建筑立面界定的建筑控制线（图2.61）。建筑后退可以为花园、树木和公共空间提供场地，突破控制线的建筑将占据突出的地位，并可能创造一定的趣味性。瞥见建筑后的庭院和花园将为过往的行人提供乐趣。

图2.61　哈罗的纽霍尔的卡拉—多姆斯的多变建筑线，由PCKO建筑事务所设计

图2.62　福斯特事务所的办公大楼小黄瓜，从PCKO建筑事务所远处（在它被更高的建筑挤占之前）和近处看

交通稳静化

- 利用街道的视觉设计来影响行为，降低机动车交通的主导地位，而不是采取更强硬的物理措施。

服务

- 在项目早期就确定电缆、管道、烟道、燃气表、警报器、空调设备和其他建筑服务设备的位置，以确保它们不会造成视觉干扰。

基础设施

- 公共设施和基础设施（如供水、污水处理、排水、天然气、电力、全光纤宽带、数字基础设施和电话线）的选址应便于维护和调整，且不会造成不必要的妨碍。设施的设计和选址，要尽可能避免在维护时破坏街道的边缘或表面。

高层建筑

- 考虑开发项目在不同尺度上的视觉效果：作为城市景观或自然景观要素、天际线，作为远景、地标，作为地区的门户，与周围环境的关系，以及从近处看的效果（图2.62）。

● 高层建筑后退可以减少靠近街道边缘的高大建筑的压迫感。

美的要素

作为一种高度愉悦感官的品质，美在某种程度上是主观的。咨询公众有助于了解普遍的喜好。城市设计师和规划师可能会基于经验判断公众的喜好，但对设计的思考应不止于此。

我们还可以问：什么样的设计能被设计界普遍接受？通过内部讨论、商业咨询或是设计评审等形式咨询政府的设计顾问，都有助于形成相关认知。

另一个更困难的问题与新颖的建筑作品有关——那些未来可能被接受为优秀作品的建筑，能否在当下被前卫的设计师所接受。通过专家咨询或由擅长评估陌生形式建筑的人组成审查小组，有助于解决这个问题。即使他们意见相左，讨论也能带来启发。在设计发展或评估提案时，我们需要考虑对各类意见分别给予多大的重视，包括公众的意见、地方当局设计顾问的意见，以及外部专家的意见。民主的规划过程必须协调相互冲突的意见并作出决定。

在英国，"特征和外观"（通常作为固定短语）是主导规划师的规划申请报告和审查员评审报告的主要术语。然而，"特征"和"外观"的频繁使用似乎缺乏深思熟虑，更像是一种未经消化的笼统表达。

对规划审查员评审意见中有关"特征和外观"讨论的研究反映出大量议题[4]，包括疏离感、适宜性、吸引力、兼容性、显眼性、破坏性、独特性、不协调性、入侵性、遮蔽性、美观性、怪异性、宜人性、视觉冲击、统一性和品质性。

在讨论具体的建筑问题时，规划审查员常常使用以下词汇：平淡、凝聚、连贯、一致、互补、构型、不和谐、特异性、创新、整合、趣味、从属、对称、丑陋、多样性、垂直性、视觉主导和视觉和谐。这些确实都是公众关注的问题。

然而，在考虑发展建议的质量时，它们很少得到深入的关注。除了继续使用这些含混不明的术语之外，另一个办法是制定严格的标准来评估开发项目，如本书提出的八个设计目标。在后续内容中，我们将具体讨论美的要素。

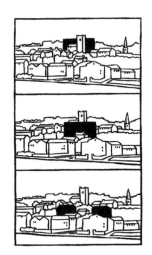

图2.63 天际线很容易被遮挡既有建筑或是模糊既有建筑轮廓的高层建筑破坏

图2.64 由PCKO建筑事务所设计的位于哈洛Newhall的Cala Dom us的地标建筑,旨在唤起当地的风车意向,风车的帆由光伏板替代

整合

与城市设计相关的最重要的问题之一是:该项目将如何成功地融入环境?[5]尽管它可能已经被有意识地设计成这个地方的一部分,无论是否巧妙,但大多数建筑并不是为这个地方设计的。它们的设计者可能只考虑了建筑本身,而忽视了周围环境(图2.63)。设计者甚至可能没有实地调研过这个地方。有时,这样的建筑能够提高环境品质,但这通常取决于运气。许多开发项目——例如住房计划、购物中心、超级市场或商业园——看上去可以被安置在任何地方,没有任何地方特色可言。在许多情况下,它们是按照全国性或国际性标准设计建造的,只为适应本地需要作了极少的调整。

在为某一特定地点设计规划方案时,规划者——通常在当地居民及其代表的要求下——可能会对方案未能融入环境的情况表示担忧。这就带来了两个问题。首先,如何评估一个地方的特征?我们将在第3章讨论这个问题。其次,评估后,这些特征应当如何反映在新的开发项目中(图2.64)?有时,一个地区的特征并非大家都认可,它可能相当缺乏吸引力,在这种情况下,新的开发项目应当提高标准。但即便如此,既有项目规模或街道模式的规律也可为新的项目设计提供参考。有时,场地可能只是一块没有特色的绿地:这时,设计师需要理解场所的历史、考古学或微气候等景观方面的特征,处理的难易程度因地而异(图2.65)。

例如,在世界文化遗产城市巴斯,当地政府将该市历史建筑的最大特点总结为:有限的材料、使用巴斯石和威尔士板岩、天然材料的规模和一贯性,以及天然材料的本色及其自然风化。科茨沃尔德区议会确定了"科茨沃尔德风格",包括陡坡屋顶、有屋脊瓦和盖板、高大的烟囱、对称平衡的设计和均匀分布的开

图2.65 坡度有可能带来富有想象力的设计

口、大的石制或木制窗台、富有细节的石制窗框，以及不使用驳岸板或屋檐挡板。然而，很多地方都没有如此强烈、一致或正面的特征。

即便特色评估总结了地方特色，评估报告也不足以充分反映地方的特色。例如，巴斯石的种类很多，威尔士岩板的类型也多达几十种。一个采石场就可以生产几种颜色、肌理、耐用性不同的多种石材。

对地区特色的真实把握取决于细致的背景评估。这个地方最重要的是什么？哪些人住在这里？他们看重什么？这个地方是如何运转的？这些问题的部分答案与大部分人（在某些情况下需要具备一定专业知识的人）都会关注到的物质环境有关。其他的答案则与当地的日常生活有关，并且只有熟知它的人能给出答案（图2.66）。

图2.66　1750年伯明翰的肌理图，显示了建筑形式和公共空间之间的关系

确定了当地特色后，下一个问题是如何回应它。比起复制地方风格，将一些更关键的问题处理好更重要，比如与街区模式和平面布局相匹配、融入地方街道网络。在不理解地方特色的情况下抄袭当地特征可能会使新开发项目看起来很荒唐——比如把当地乡土建筑语言用于不同功能和更大尺度的建筑上。细节可能很重要：木制檐板效果不错，但使用塑料或水泥纤维板则显得沉闷乏味。

对当地特色不假思索的推崇通常是懒惰设计师的第一手段。一些广受欢迎的历史场所是按照个别人的意愿修建的，但大部分不是。人们通常会以当时合理的方式来建造或呈现：比如对商业有利的、符合其品位和预算的，而这一切都受到具体地方文脉的影响。

一个城市中除了少数中世纪建筑外，其他所有建筑都可能在乔治亚时代被取代（尽管它们可能占据相同的地块），而更多的乔治亚时代的建筑可能已经被维多利亚时代的建筑所取代。其结果也许是一个令人愉快的混乱：一个有着难以描述的特色的地方。不过，仔细分析会发现，尽管不同时期的建造情况有所不同，但其受到的影响可能有相似之处（图2.67），例如需要

图2.67　洋溢着节日喜庆的奢华古典细节设计，兰杜德诺的海边，北威尔士

避开的冬季盛行风、某些易得的建筑材料、土地起坡的特殊方式，以及与日照的关系；或某些反映建筑功能的要素，如纺织业需要的大窗户。

今天，情况已大不相同。住宅可能由全国性的建筑商建造，其产品在各地都一样。尽管被冠以象征性的地区名称，但实际上它们使用的材料和部件来自世界各地。购物中心可能由擅长建造这类建筑的国际公司开发。商店可能隶属于国家或国际连锁店，遵循着伦敦或阿肯色州等地的总部发布的设计。过去，建筑规模往往受到砖、石和木材技术的限制，而新的技术已使建筑规模大大增加。曾经，路线模式主要取决于人们的步行能力，而现代交通技术已使其不再重要。当设计满足了停车的需要，且解决了垃圾的储存和回收问题时，按照地方特色进行设计的余地就非常有限了。要创造有意义的场所，需要仔细的思考和想象力。

尺度

如果我们在设计时需要一个衡量尺度，我们手头就有一个，它就是人本身：我们的体型，我们走路、骑车或驾驶的速度，以及我们可以舒适行走的距离。

街道和街区的尺度、地块划分、剖面，以及建筑的细节是任何设计都需要重点考虑的。尽管人们的体型、步行的速度和范围各不相同，但我们可以综合考虑。人体尺度可以帮助我们判断建筑的尺度是友好的还是令人生畏的，以及在其附近行走是否舒适。

优秀的设计项目往往考虑到了各种尺度上的特征。图纸是静态的，但人们通常是在动态过程中观察建筑。步行、骑车或是开车的观察者大多将建筑视为街景或城市景观的一部分：各种各样的门、窗、屋顶等建筑要素、建筑整体、建筑群，以及其间的开放空间。观察者体验到的节奏，时而规律、时而不规律、时而令人愉悦、时而令人感到沉闷（图2.68）。

布局

一个地方的布局，以及与交通方式、地块和街区的关系，是其结构中最重要且最持久的要素。这些要素可能会延续下去，但建筑则经常变更。中世纪繁华的商业街可能不再有任何中世

图2.68　诺里奇大街上令人愉悦的屋檐韵律

纪的建筑了，但街道的形式及其街区和地块的模式可能依旧是城镇布局的主要特征（图2.69）。

场地或建筑的平面图通常是建筑师或其他设计师在设计开发项目时绘制的第一张图。平面图决定了开发项目所允许的大部分活动（图2.70），它反映了人们将如何在空间中移动，如何进入建筑，以及开发项目如何与周围地区连接。

规划反映了开发项目不同部分之间的关系：最重要的空间在哪里、其他空间如何为它服务、公共空间与私密空间的关系，以及与其他空间和场所的关系（图2.71）。一个深思熟虑的开发项目将支撑其潜在的功能，使潜在使用者易于到达，充分利用其场地。但我们需要考虑开发项目如何在不同程度上服务于不同的利益（如公众的利益和客户的利益）。

剖面图是建筑或开发项目的另一个重要图示语言，它反映了要素间的高度关系。特别是剖面图，能帮助我们思考建筑与人体尺度的关系，包括人们在室内外空间移动时的空间感受（图2.72）。剖面图提供了有关隐私水平的线索，以及建筑对各种功能的适应性。例如，底层层高较高的住宅建筑能够很容易地改造为商业建筑。

剖面还能反映建筑方案室内标高与外部场地标高的关系。适当提高室内标高可以创造一定程度的隐私，而底层则享有室内外空间在视线和空间上更好的联系性。成功的设计将综合考虑建筑的使用、正立面上私密空间的数量，以及可达性。街道剖面反映了街道关键要素之间的关系，能够帮助我们判断建筑与街道的高宽比，与其他我们所熟悉的街道的比较，以及街道的封闭感和开敞感（图2.73），它帮助我们理解空间被监视的程度（监视能使公共空间更加安全，但对私人空间的利弊则取决于空间的产权和管控情况）。

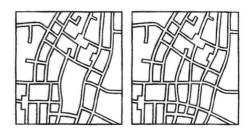

图2.69　将一个场地重新融入城市结构

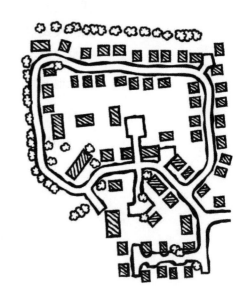

图2.70　布局决定了开发项目所允许的大部分移动方式

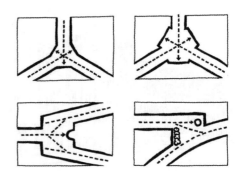

图2.71　雷蒙德·尤文1909年出版的《实践中的城市规划》一书中的视线尽端

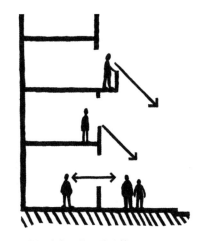

图2.72　由视线产生的天然监控

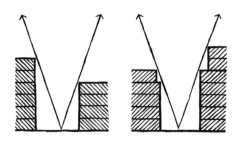

图2.73　视锥（这里的角度都是40°）有时被用来评估街道的开放程度

图2.74　泰恩河畔纽卡斯尔的艾默生商会，是一座1903年的办公大楼，具有新艺术巴洛克风格

表达

成功的建筑能够传达设计师对什么有吸引力、什么有效的理解，也能反映自身的功能（图2.74）。如果它做到了上述两点，它能使这个地方看上去更加友好、温馨和有趣。然而，在大多数情况下，建筑未能有效地展示自己，就好像路人没有权利去理解和享受他们发现的地方。有些建筑即便不反映其功能，也能有效运转。乔治亚时代的联排住宅可以在毫不引人注目的情况下被改造为办公室或咨询室。在当今的项目设计中，在具体分配功能之前决定建筑的基本形式可能是行之有效的。灵活的功能混合能够在避免拆除或高价改造的情况下，满足建筑功能的变更和扩展。一个适应性强的开发项目在设计时，其功能也许是未知的，并且可能很快就会发生变化。在有的情况下，不展示建筑的功能也许是合适的。建筑的伪装有着悠久而高贵的传统。

使其结构清晰是建筑可以沟通的另一种方式。在多大程度上展示结构，或是为了美观在多大程度上隐藏结构，优秀的建筑在二者之间实现了微妙的平衡，理解这一点有助于理解和欣赏设计。大多数建筑将成为场所的背景。一些好的设计尽管低调而不显眼，但仍能显著提升场所的品质。其他建筑——包括市政建筑、宗教建筑、商业建筑、公共或私人建筑——则被设计得引人注目，充分展示设计师的才华（图2.75）。

比例

大多数建筑都是由规则的形状和体量构成的：墙体、门窗、房间和其他室内空间（图2.76）。这些形状和体量的设计——如高宽比、虚实关系，以及立面与细节——有一些约定俗成更宜人的尺度，有些人基于训练或经验能够作出更好的判断。高耸的形式（相对于方形或低矮形式）在营建宜人建筑方面有着悠久的历史。这也许和土地产权（窄立面）、结构效率（门窗过梁跨度小），并且作为立面最重要元素之一的门有关，大多都和使用它们的人一样是瘦长的（图2.77）。

比例并不只是一个二维的问题。建筑要素的进深——比如窗洞或屋檐——将对建筑的外观产生显著的影响。对比例的判断在一定程度上是主观的，即便对该问题有一定了解的人也可能意见相左，但这并不意味着它只是一个观点问题。对建筑有深入了解的人往往会对一些基本要素达成一致。

立面图反映的是几百米外观看到的建筑情形。在现实中，建筑通常会从一定的角度被观看（建筑的完整立面在街道上通常难以被看到），在透视的作用下，一些要素会被放大。设计师应记住，人脑将自动补偿透视变形，创造出一种在现实拍摄中不可能存在的图像。

图2.75　伦敦北部一座哥特式风格的教区房

秩序

优秀的设计还有一种品质可以被称为秩序，它包含三种特征：平衡、重复和对称。设计在很大程度上就是创造部分和整体之间的关系。

秩序的特征之一——平衡，即各部分的关系是正确的，能够使人感到愉悦。它与机械的或自然的东西非常不同：尽管它可能很难定义，但它显然是一种基于直觉，或反复试错后得到的结果。我们对平衡的偏好与我们对物体平衡态的理解有关，源于确定事物不会倾倒的安全感。

秩序的特征之二——重复，同样使设计区别于自然界的事物。在设计中重复

图2.76　公爵街的拱廊，卡迪夫

图2.77　伦敦哈雷街的乔治亚时代扇形灯

图2.78　一个爱奥尼亚式的柱头

某种元素并不一定能使建筑或街景更有吸引力，但它是设计师可以使用的设计方法。

秩序的特征之三——对称，有助于人们理解复杂的整体。同样，它也应当在合适的情况下使用。对秩序的尊重并不意味着对地标建筑的排斥。经典的建筑建立在秩序之上。平衡、重复、对称和古典秩序本身（多立克式、爱奥尼亚式、科林斯式、托斯卡纳式和复合式等）被用于创造建筑秩序（图2.78）。在古典风格的设计越来越少的当下，秩序这一概念仍是设计师的核心方法。

细节

开发项目的细节，如细节设计的技巧、建筑使用的材料、各部分的组合方式，以及施工水平，将对使用者产生显著的影响。人类对建筑的体验，在一定程度上是对人类技艺和思想的回应。反映思想和关怀的建筑和街道有助于使一个地方显得人性化（图2.79）。

图2.79　位于剑桥的一栋历史建筑上的凸窗和其他令人愉悦的细节

材料是方案细节的一部分。材料将影响建筑的老化、视觉上的趣味性、清洁维护的难易程度、耐脏的能力、反射性、触感、与周围环境的关系、易于辨识的程度、适应性，以及拆除、拆卸和回收的难易程度。

材料还将影响建筑的采暖方式、耐久性、建造过程中的能源消耗与碳排放、采暖与制冷的能源消耗、生命周期内的花费、排走的雨水、外观、能否被再利用、是否排放有毒气体，以及是否采用本地劳动力。

风格

像其他伟大的艺术家一样，大多数伟大的建筑师都有自身独特的风格。许多其他建筑师都会受到他们的启发，至少在某种程度上。他们的设计方式，在未来的岁月里，可以相当准确地追溯到该风格流行的特定时期（图2.80）。也许有一些相对永恒的建筑风格，如某些种类的古典主义或古典现代主义，但大多数建筑都显示了它们设计和建造的时间，这并无不妥。

然而，在设计和评估建筑时，我们必须意识到那些在当下看来新颖的东西可能很快就会显得过时。未来将会看重的是在设计和实践中付出的关心、思考和创造力。一座建筑并不一定要按照某种特定风格来设计（尽管这可能会使建筑评论

ARCHITECTURAL *style*

STYLE	APPROACH	FIRST SEEN
VERNACULAR	HOW WE HAVE ALWAYS BUILT, USING LOCAL MATERIALS	THE FIRST HUT
CLASSICISM	FOLLOWING ORDERS	600BC
GOTHIC	POINTED ARCHES AND SOARING BELIEF	12TH CENTURY
TUDOR REVIVAL	GOOD ENOUGH FOR SHAKESPEARE, GOOD ENOUGH FOR US	1860S
NEO-VERNACULAR	DESIGNING BUILDINGS TO LOOK LIKE THEY USED TO	1870S
ARTS AND CRAFTS	IN THE SPIRIT OF HOW THEY USED TO BUILD HERE	1870S
MODERNISM	LIBERATED FROM OLD-FASHIONED STYLES	1890S
BRUTALISM	HAVING FUN WITH CONCRETE AND STEEL	1950S
HI-TECH	HAVING FUN WITH THE LATEST TECHNIQUES AND MATERIALS	1970S
POST-MODERNISM	HAVING FUN MIXING STYLES AND INVENTING NEW ONES	1970S
DECONSTRUCTIVISM	IT LOOKS LIKE SOMEONE SAT ON THE MODEL	1980S

图2.80 一些建筑风格

家难以为其贴上标签、哪怕只是"功能主义")（图2.81～图2.83）。特定的、可识别的建筑风格主要包括新乡土主义、古典主义和现代主义。

新乡土主义

模仿当地（或其他地方）乡土风格的建筑将融入传统建筑的形式和细节（图2.84），这样的做法可能成功，也可能失败。在最坏的情况下，这种方式可能导致

图2.81　高技派建筑：巴黎蓬皮杜艺术中心，由理查德·罗杰斯和伦佐·皮亚诺设计，于1977年启用

图2.82　伦敦市中心霍尔本的混合风格。位于前景的古典建筑是在2000年重建的，该建筑在1941年被炸毁

图2.83　卡莱尔的一座哥特式风格的办公楼

图2.84 两处地方乡土风格的历史建筑，以及对其进行模仿的现代尝试

在未准确捕捉原有建筑特征的情况下，错误地复制零星的细节。传统的细节可能是对本地特定条件的回应，例如本土建筑材料或地方气候，而这些因素已不再是建筑的制约条件（图2.85）。又或者，它们只是某个特定的设计师在特定时间采用的一种风格或建造方式。无论是哪种情况，肤浅的模仿都难以为新建筑增加吸引力，甚至可能削弱旧建筑的独特性。在规模明显不同或不适宜的环境下采用乡土细节可能会显得非常不合理。不过，在最好的情况下，模仿地方乡土风格能够捕捉并增强场所的独特性。图2.86展示了楠斯莱丹——康沃尔公国土地自2014年以来康沃尔镇的拓展——新乡土风格建筑。

古典主义

古典主义风格的建筑会复制或改进古典的形式和细节：山墙、柱子、壁柱、门楣、檐口等（图2.87）。设计师可能会以古典主义者认为是忠实于原作精神的方式来做这件事。这种设计可能是基于对古典建筑语言的良好理解和语法的正确应用。有时，试图使历史风格适应新条件的尝试将会失败。这样的建筑可能看起来构思不当，未能成功借鉴有价值的建筑传统。

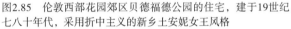

图2.85 伦敦西部花园郊区贝德福德公园的住宅，建于19世纪 图2.86 康沃尔郡楠斯莱丹的2000年代新乡土住宅
七八十年代，采用折中主义的新乡土安妮女王风格

图2.87 一座19世纪的古典银行建筑，韦克菲尔德 图2.88 里士满河畔的一座现代古典建筑

　　图2.88展示了伦敦里士满河畔的一座古典建筑，这是1982年建造的办公和零售混合开发项目。该项目由传统主义建筑师昆兰·特里设计，它将一些老建筑纳入其中，并将现代办公空间隐藏在具有各种历史风格的新外墙（用传统材料建造）后面。白天整体效果非常明显，但在夜间，统一荧光照明和悬挂式天花板的内部变得清晰可见，暴露了真实面目。该项目受到公众的普遍欢迎，但一些建筑师和评论家认为它缺乏原真性。

现代主义

　　现代主义风格的建筑可能鲜有装饰，但细节品质的重要性和其他任何风格一样。有时，现代主义风格被用来作为对建筑细节欠缺考虑的借口，而导致乏味平淡的建筑。为了保证现代主义建筑的效果，所有的细节都需要精心设计，包括材料的选择和应用、要素间的关系，以及景观环境。图纸能够反映思考的深度，但建筑的品质还受到施工水平的影响。乏味平淡和精致简单的分界线往往是细微的。一些现代主义建筑看上去就像在设计时没有考虑场地、周边建筑和场所感，成功的现代建筑有效地回应了它们的环境，在不复制周边建筑风格的情况下强化了街景（图2.89）。

　　本章中，我们为城市设计师设计、规划和审核开发项目提出了一种方法。在第3章，我们将展示如何使用该方法来评估三个实际项目的城市设计品质，以及如何基于项目评估来展开设计。

图2.89　国王广场，位于伦敦国王十字街的玻璃幕墙艺术中心和办公大楼，由迪克森·琼斯设计，建于2002年

第2章（33~90页）

1　Urban Task Force (1999), *Towards an Urban Renaissance* (London: Spon Press).

2　Building Regulations in England and Wales relate to structure; site preparation and resistance to contaminants and moisture; toxic substances; sound resistance; ventilation; sanitation, hot water safety and water efficiency; drainage and waste disposal; combustion appliances and fuel-storage systems; protection from falling, collision and impact; conservation of fuel and power; access to and use of buildings; glazing safety; electrical safety; security; physical infrastructure for high-speed electronic communications networks; and materials and workmanship. Those for Scotland cover similar topics.

3　Urban Design London (2017), *The Design Companion for Planning and Placemaking* (London: RIBA Publishing).

4　Rob Cowan, Scott Adams and David Chapman (2010), *Quality reviewer: Appraising The Design Quality of Development Proposals* (London: Thomas Telford Publishing).

5　This discussion is based on that in *Quality reviewer,* ibid.

第3章
环境、特征及品质

理解环境和地域特征是城市设计的核心。地方当局对规划申请人的规划建议通常会反映该地区的特征。尽管开发者常常选择独具地方特色的事物，诸如燧石或带状砖墙，以便满足"特色"一栏的要求，但其结果往往荒诞不经，全然忽视当地其他方面的特色。为此，人们借口只需浅浅把握特色，不必考虑当地环境的复杂性，而在开发设计上的思索微乎其微。鉴于"特色"一词言简意赅，诸多建筑环境的专业人士便认为其必然代表一个简单的事物，实则戴盆望天，因为特色是在考虑环境的情况下对一个地方既包罗万象又简明扼要的表达。

评估特征及环境

在设计过程中，城市设计师需要广泛深入了解相关的社会、经济、政治和文化背景（图3.1）。掌握这种复杂性是城市设计的意义所在。以下清单列出了许多需要考虑的事项。[1]这些主题不仅与背景评估，也与城市设计的许多其他方面，诸如政策、指导和总体规划休戚相关。然而不同主题的重要性需视具体情况而定。

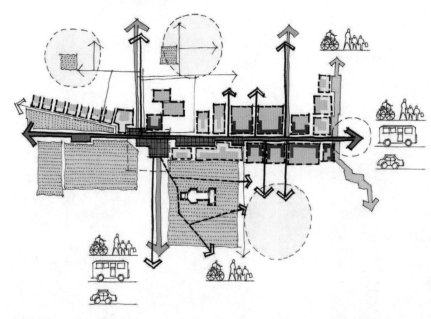

图3.1　莱维特·伯恩斯坦（Levitt Bernstein）对位于伦敦东部Tower Hamlets区的Ocean Estate进行初步分析

评估一个地点或地区的背景和特征

欲详细了解评估可能包含的内容，见附录列表。

1 形式和环境

1.1 自然环境

1.2 法律和政策背景

1.3 历史、文化、社会和经济背景

1.4 土地权属

1.5 城市形态

1.6 建筑类型

1.7 材料

1.8 绿地

1.9 交通和可达性

1.10 停车

2 人

2.1 情感需求

2.2 感观体验

2.3 有益健康的要素

2.4 安保

3 服务

3.1 水

3.2 能源

3.3 通信

3.4 废弃物

3.5 公共服务

4 管理

4.1 管理维护

汲取灵感

在对伦敦南部巴勒姆镇中心的公共区域进行设计改进时，大都会建筑事务所（Metropolitan Workshop）与艺术家托德·汉森（Tod Hanson）合作，在百拙千丑的山墙和铁路桥下的墙上进行艺术创作。汉森写道[2]："看到巴勒姆高街的建筑细节，我深感诧异。比如说，在一片白色中，突兀的街道基石、层拱和窗框与匀称的街巷函矢相攻。""令人局促的电路般的窗饰遍布维多利亚时代山墙和护墙尖削的顶部。"在咨询了当地人之后，他为桥下的墙壁设计了绿色彩陶瓷砖。绿色彩陶瓷砖是一种用于伦敦地铁的材料，尤其是巴勒姆所在的北线，这也呼应了他所发现的建筑装饰（图3.2）。

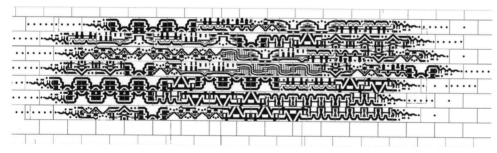

图3.2　艺术家托德·汉森在伦敦南部巴勒姆镇一座铁路桥下设计的彩陶瓷砖，灵感来自于当地的建筑细节

理解环境

在制定政策或与城市设计相关的导则，或开展建筑、空间和场所设计实践，前期需要理解的背景是盘根错节的。能否正确处理这些内容取决于是否有足够的时间和资源，以及是否能够从深谙其道的人那里获取相关知识。在此举一个经常被忽视的例子，街道和其他空间里的铺装对当地特色有着重要影响。我们需要去记录它，了解所使用的材料，它们的质量，以及铺设和维护方法。

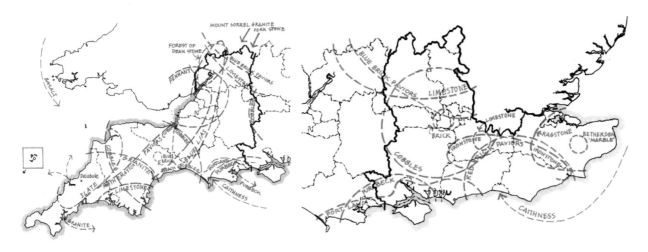

图3.3　英格兰西南部传统铺装材料分布情况　　　　　图3.4　英格兰东南部传统铺装材料分布情况

　　正如理查德·吉斯（Richard Guise）、大卫·哈里森（David Harrison）和罗伯特·赫克斯福德（Robert Huxford）[3]所言，从某种程度上来说，建筑材料受天气影响较少，但路面必然受到雨、雪、霜冻、高温和车流影响，因此需要使用耐用材料，但只有部分地方可以就近取材。因此，路面特色受地质情况和主要运输系统的共同影响。从历史上看，大型船只和工程道路、运河以及铁路帮助实现了从更遥远的地区——包括英国境内，或是欧洲、亚洲和南美洲的部分地区，获得更好或更便宜的路石，以铺设当地街道。通过沿海船只、运河和铁路，运输康沃尔郡和德文郡的花岗岩以及波倍克石，也有助于推广斯塔福德郡红砖和芒特索勒尔花岗岩。图3.3和图3.4为英格兰西南部和东南部的地图，由建筑师和城市设计师理查德·吉斯绘制，显示了传统铺装材料的分布情况。大多数材料取材于当地，但至少从18世纪起，从其他地区进口更耐用或更高质量的材料的悠久传统就已经开始了。[4]

　　不仅使用了特殊的铺装材料，铺地的设计和铺设布局也独具当地特色。在图3.5中，吉斯向人们展示了一些传统街道设计元素。[5]正如吉斯、哈里森和赫克斯福德所言，人们可能会用石板在教堂墓地和一些建筑外铺路，但鹅卵石仍旧独占鳌头。城镇大街也会定期铺设石板路，用楔形石制作优美的转弯。在不太可能被车轮碾碎的小道上则会铺设平交道。矩形石板若与边石平行铺设则形成排水沟，

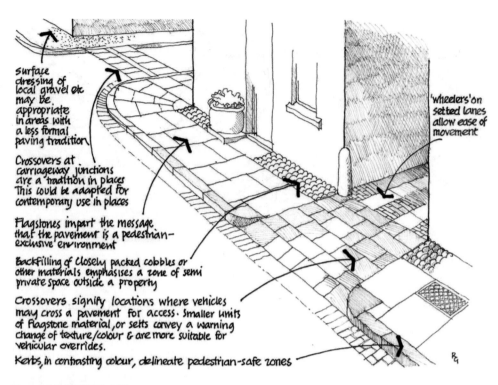

图3.5 传统街道设计术语

若横向铺设则形成车道。

从前的一般车道材料是来源广泛的花岗岩，如来自阿伯丁郡、芒特索勒尔或德文郡，或海峡群岛的闪长岩，但人们也会使用玄武岩或更硬的砂岩。英国中部地区、肯特郡和苏塞克斯郡等地区也使用砖作为铺路材料。为消除铁蹄和车轮的噪声，一些城市大面积使用木板（只遗留下一些碎片）。小巷路面通常一致，设有中央排水通道，而院子里会使用较低等的石头，铺设得更为粗糙。

时至今日，要以充分反映当地街景特征的方式铺路，有赖于对历史的理解程度，以及是否能够找到擅用当地特色石料的街道石匠。

此处讨论的铺路只是建成环境的一个方面，但这也适用于建筑物和结构所反映的更复杂的当地特色。在这里不作详细说明。理查德·吉斯和詹姆斯·韦伯（James Webb）在《描述社区》（*Characterising Neighbourhoods*）[6] 一书中已举了几个例子，给出在特定背景下可能需要考虑的内容。这些美丽的画作出于理查德·吉斯之手。

  图3.6显示了一些简单估测高度、坡度和面积的方法，例如使用砖块、折叠纸和人体。

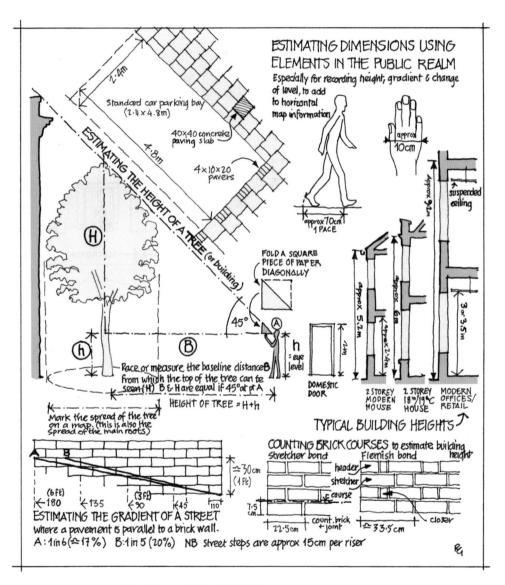

图3.6 一些在测量工作中估计高度、坡度和面积的方法

　　图3.7显示了尺度——一种操纵建筑设计以实现具体效果的方法——在建筑设计和体量中的概念。尺度是指建筑物的大小与周围环境的关系，以及建筑物各部分或其细节的大小，尤其与人的尺度有关。尺度可以表示为与周围建筑的关

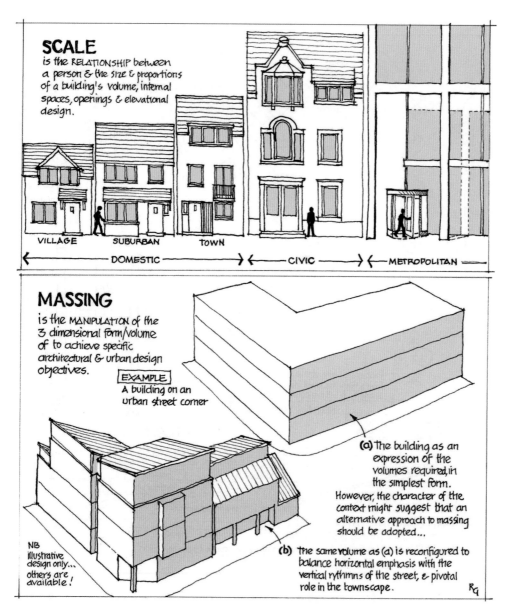

图3.7　建筑设计与体量设计中比例的概念

系；或者是根据正面或立面的最大长度，一个街区的最大尺寸，或建筑高度与街道或空间宽度之比。体量（也称体块）是建筑物或一组建筑物的布置、体积和形状的结合。

　　图3.8显示了影响历史城镇中心的典型变化。也许是受到了建筑意识形态、经济原因、现代用途、新的建筑方法或容纳机动车辆愿景的浸染，一些忽略历史建筑轮廓、地块大小和建筑材料的新建筑已经侵蚀了原有建筑物品质。文脉评估将是使设计融入现代社会的基础。

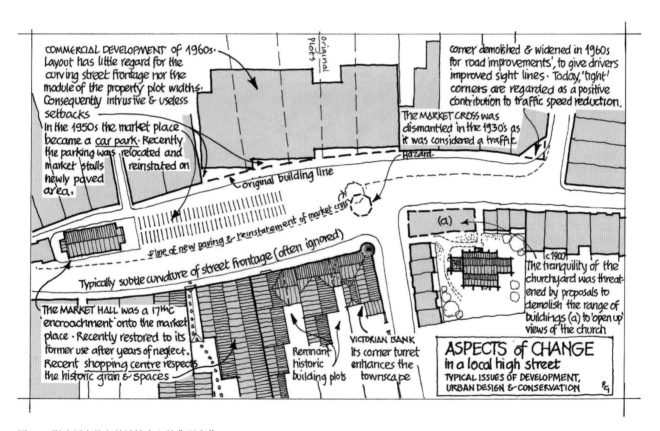

图3.8　影响历史悠久的城镇中心的典型变化

　　图3.9显示了一个社区绿地的格局和多样性。这个体系可合理改善空气质量、提高地表排水、丰富生物多样性且有益健康。绿地是人类和许多其他高敏感物种的栖息地。城市设计师可以通过了解场地或区域背景提供深层次的东西，或者避免仅为满足绿地要求而采取的措施。

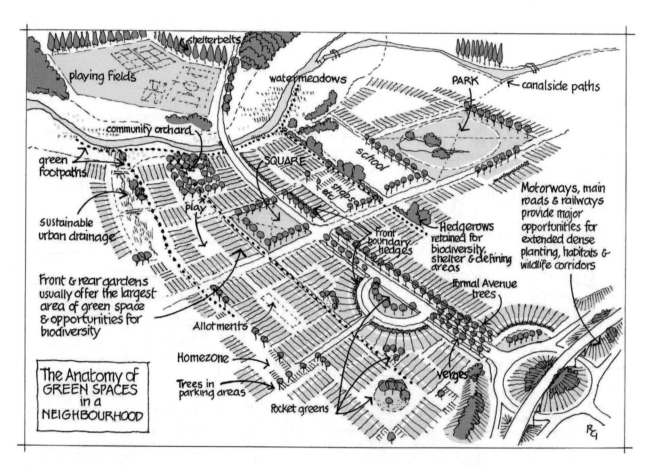

图3.9　社区绿地的格局和多样性

　　从图3.10中，我们可知城镇景观视图的类型，以及在平面图上用于识别它们的符号。全景图可以完整呈现一个地方，以及其中的地点。远景是一系列地标的狭窄视图。这个术语有时用于一般视图（从特定点可见的视图）。偏转视图（通过看到建筑的一部分或在拐角处的街道上的建筑）预示进一步的视野，当行人进一步穿过街道时，可以看到进一步的情况。

图3.10　城镇景观的视图类型

图3.11强调了如何打造经典或独特的建筑街景。要评估一个地方特色，其中一个步骤是了解如何协调典型或独特事物，以及能否避免给人一种单调或不适的突兀感。时移世易，历史遗迹往往会在二者之间达到一种令人赏心悦目的平衡。然而在新的开发项目中，屈于压力，人们可能会按照开发商的标准建造，或者把每一栋建筑都打造得与众不同以吸引买家眼球。城市设计师面临的挑战是如何将新项目融入已经浑然天成的街景和城镇景观之中。

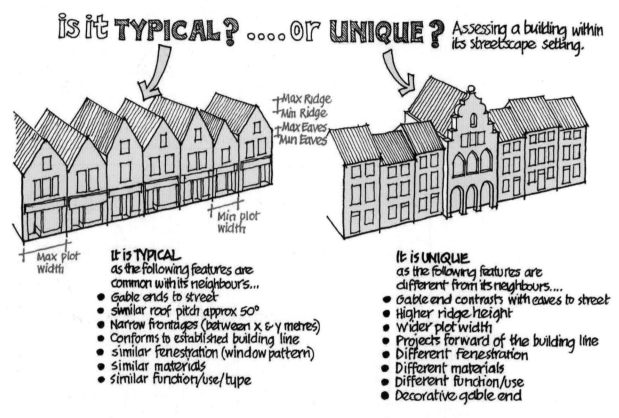

图3.11 经典还是独特?

图3.12展示了对两幢四层建筑的分析。一幢是历史性建筑，而另一幢则是现代建筑。前者的样式受到了时代风格、可用材料及历史用途的影响。而后者采用了不同的建筑方法和材料，同时为满足现代化服务，也有了新的用途。也许，在此所面临的挑战是如何设计能够补益街景，而不是看起来毫无关系又喧宾夺主。

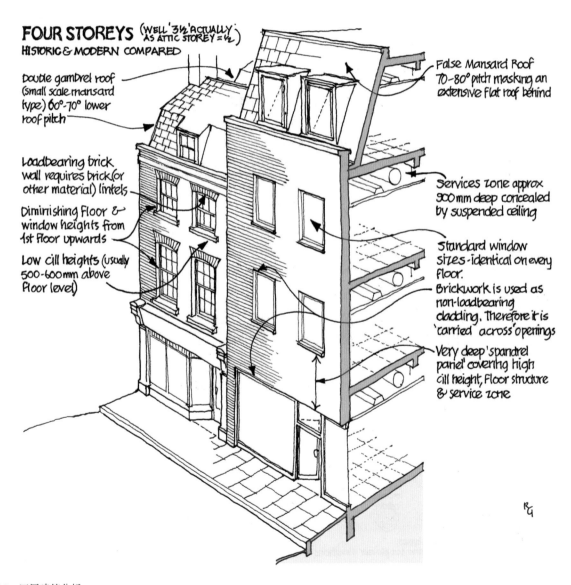

图3.12 四层建筑分析

　　图3.13显示了20世纪20年代和30年代典型的英国半独立式郊区住宅的特征，以及后续改建的影响。通过扩建、替换现代元素和满足容纳汽车的需求，人们对这些住宅进行改造。这样的改造是否受到条例束缚取决于法规是否"允许开发"，以及房屋是否位于保护区。在某种程度上，业主可能会受到设计导则和特色保护声明的影响。它们展示了如何使一个看似普通的地方既独具一格又令人神往。

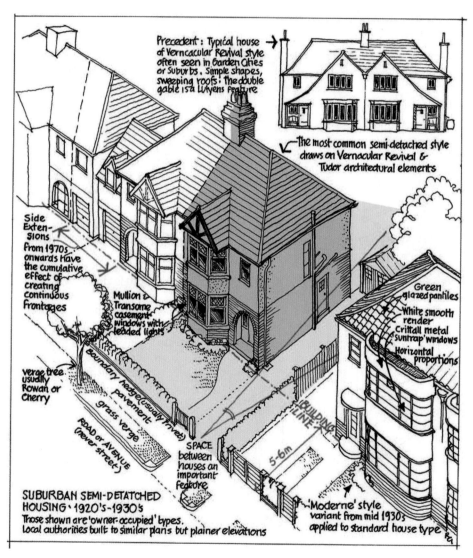

图3.13　20世纪20年代和30年代英国典型的半独立式郊区住宅的特点

　　了解一个地方取决于能否掌握它在夜晚的运作方式。四处走动是否万无一失？是否有特定的夜间经济？如何调和音乐舞蹈噪声与工作休息？怎样的建筑和空间形式能使场所在夜间运作良好？

　　图3.14和图3.15是由康拉德·基克特（Conrad Kickert）和罗杰·埃文斯绘制的牛津市中心地图。图中显示了昼夜活力与该中心经济生活之间的关系。图3.14显示了商店入口的位置，并评估了街道的宜人性和趣味性；图3.15则显示了夜间休闲用途、公共汽车路线、计程车车站和取款机的位置，以及评估了街道的哪些地方较为安全。

图3.14　牛津市中心的商店和步行力　　　　图3.15　牛津市中心的夜间活动

　　一旦进行了文脉评估，就需要与所有参与场地或区域设计的人进行沟通。

　　普罗克特和马修斯建筑事务所（Proctor and Matthew Architects）为埃布斯弗利特花园城（Ebbsfleet Garden City）的设计项目，开发了"设计叙事"系列。这些建筑建立在建筑师对当地背景的研究基础上，为该地区创造了独有的特征，即城市发展、商业和工业的密集嵌套点缀着大片的乡村、后工业荒地和湿地。夸张而瘢痕累累的白垩采石场和绝壁景观形成主要特征。这类设计方法影响了开发项目的质地和建筑类型。

图3.16描绘了该地区的部分景观。该地白垩悬崖环绕，一系列斜坡直向大小湖泊。每种建筑类型（分别为蓝色、绿色和红色）对应不同类型的斜坡，反映了如何根据地形差异设计住宅、停车场和密度。绿色的建筑类型表示90户/hm²。这些住宅主要沿着东西方向的基础廊道建造，廊道两侧布置公共空间以形成开放庭院（图3.17）。从而，清晰的轮廓线如山脊立现，较高的建筑成为社区的标志。

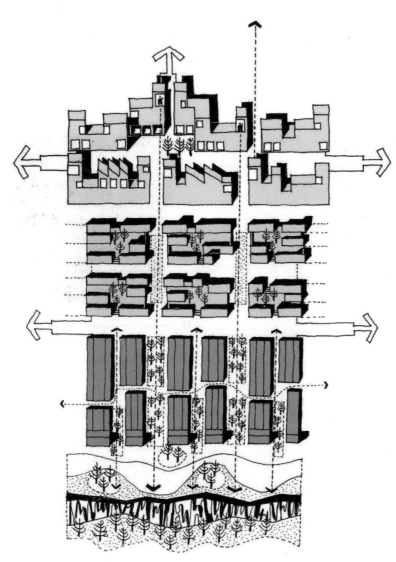

图3.16 景观设计示意图：以周围白垩悬崖以及向下延伸至湖泊的一系列斜坡为特征

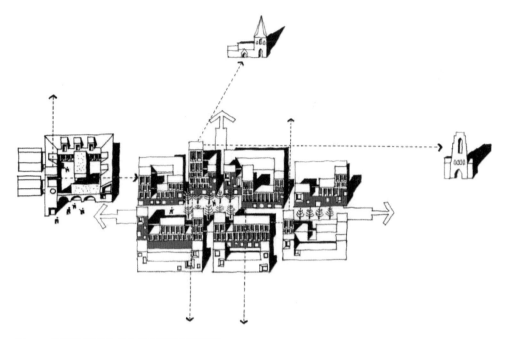

图3.17 两侧设置开放的公共空间以创造庭院

　　蓝色的建筑类型，在同一海拔配置每公顷30～50户及60～80户一组的住宅群，由主要道路相连，从凸窗可以看到白垩悬崖景观。在斜坡上，建筑群之间设有停车场。红色的建筑类型位于靠近白垩悬崖底部的缓坡上，密度也为30～50户/hm²，互相独立。这类住宅以二～三层为主，较高的建筑面向悬崖。这个典型住宅区的建筑语言与白垩悬崖紧密相关，其强烈的水平感与悬崖形成对比。建筑形式是肯特郡历史风格的现代诠释。

　　图3.18显示了一种被称为"湿地"的城市形态。建筑师为埃布斯弗利特地区参考了北肯特湿地庄园道路样式，以及湿地农场建筑防御式布局。他们建议将水作为新建住区的边界，尽量采用低层高密的建筑群形式以保护自然湿地景观。每个住宅群围绕共享庭院布置，由一条基于穿越整个半岛的历史庄园道路的小径连接，住房密度约为39户/hm²。住宅主要采用平坦的绿色屋顶形式，少量采用斜屋顶以塑造小镇特色，带围墙的花园为每个组群形成坚固的边缘。

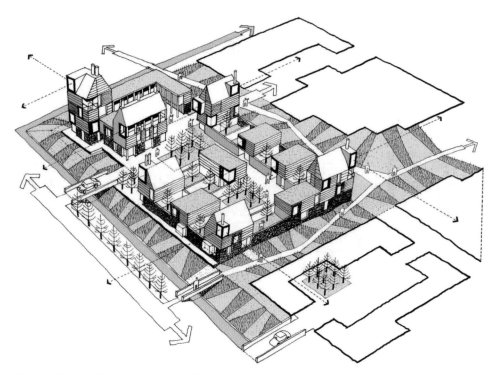

图3.18 "湿地"的灵感来自于穿过北肯特湿地庄园的道路模式和农场建筑的防御布局

收获与启示

过程

- 理解环境和地方特色是城市设计的核心。
- "特色"是在全面考虑环境情况下，对一个地方既包罗万象又简明扼要的表达。
- 向每个参与设计过程的人说明环境评估结果。
- 了解当地发生变化的历史过程。
- 根据对当地背景的研究进行设计。

场所

- 从铺地开始了解特色。
- 关注现有建筑的尺度。
- 分析不同类型的景观如何塑造地方体验。

- 分析能够塑造建筑特色的要素。
- 探明一个地方夜间的运行方式。

评估发展质量

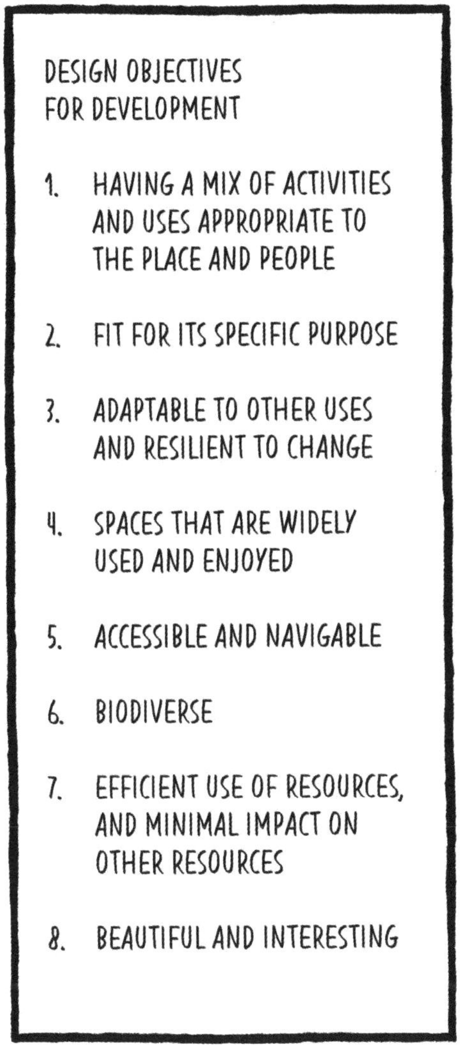

DESIGN OBJECTIVES
FOR DEVELOPMENT

1. HAVING A MIX OF ACTIVITIES
    AND USES APPROPRIATE TO
    THE PLACE AND PEOPLE

2. FIT FOR ITS SPECIFIC PURPOSE

3. ADAPTABLE TO OTHER USES
    AND RESILIENT TO CHANGE

4. SPACES THAT ARE WIDELY
    USED AND ENJOYED

5. ACCESSIBLE AND NAVIGABLE

6. BIODIVERSE

7. EFFICIENT USE OF RESOURCES,
    AND MINIMAL IMPACT ON
    OTHER RESOURCES

8. BEAUTIFUL AND INTERESTING

图3.19 八大目标

第2章介绍了一种基于八个目标来分析城市设计愿景的方法。这些目标可用于撰写简介、规划政策或指导，编制设计规范或审查项目方案，还可用于审查建成项目目标的达成情况。为避免纸上谈兵，我们选择了三个成功的案例，分别是：伦敦彭博社办公大楼（Bloomberg），伦敦纽汉区麦格拉斯路（McGrath Road）的住房，以及北安普顿厄普顿（Upton, Northampton）的城市扩建部分。对于每个项目，我们都同时阐述了它的成功之处和不足之处。同样的分析框架也可以用于评估城市设计师、规划师和建筑师更多参与的一般开发项目。

彭博社委托人迈克尔·彭博（Michael Bloomberg）试图创造一些翻空出奇的东西。他的成就有多深远？麦格拉斯路的住宅建筑师试图在一个不堪造就的城市场地上创造一些真正有价值的东西，即使这是一个客户也没指望会有什么惊喜的地方。秘诀是什么？我们可以把厄普顿当作一个范例，证明建造一些更好的项目并非海中捞月。那么该计划的发起人认为成功的关键是什么？

设计评估可以是一种基于个人偏好的主观判断，也可以是正式的专业设计审查。在第2章中，我们提出了八个设计目标（图3.19）。每个目标下面，我们列了诸多可能需要考虑的要点，而哪些要点可取则取决于特定项目。评审者对项目的背景了解得越多，拥有的技能越专业，评审就越有价值。如果只仔细考虑这八个目标，我们仍然可以得出一些有价值的结论。

评估1：伦敦彭博社大楼

开发项目：伦敦彭博社

地点：伦敦市

功能：金融服务办公

建筑师：福斯特事务所（Foster + Partners）

竣工时间：2017年

彭博社伦敦金融城总部项目荣获2018年英国最佳新建筑奖，并赢得英国皇家建筑师协会斯特林奖（RIBA Stirling Prize）。前纽约市长、彭博传媒的负责人迈克尔·彭博（Michael Bloomberg）评论道："建造这座建筑花了将近十年的时间。有些人说，这是因为这是一个想成为建筑师的亿万富翁和一个想成为亿万富翁的建筑师的合作。"[7]

1. 是否创造了适宜于场所和使用者的多样活动和功能？

作为伦敦金融城的一个金融机构，其主要用途是恰如其分的，同时，该项目还包含了一个彭博艺术品展示空间。该项目充分回应了场地的历史。首先，罗马神社米特雷姆（Mithraeum）遗址被迁移到此处并向公众开放。其次，一条路径穿过中世纪的巴吉路，这可能延续了罗马时期的沃特林街（Watling Street）（图3.20）。最后，由三部分组成的雕塑和水景让人联想起埋藏已久的沃尔布鲁克河（Walbrook River）。但除了拱廊里的餐馆外，其他地方几乎全部用作办公。

坎农街（Cannon Street）的临街立面由一系列玻璃窗和一个大型物流舱构成。除此之外，别无其他。其他街道亦如此（图3.21）。一楼的有色玻璃窗保护了建筑内部活动的隐私。我们也可以在彭博社大楼一层的拱廊里看到同样的玻璃，人们难以看到餐馆和酒吧里的景色。

2. 是否适应具体的功能目标？

彭博社大楼服务于金融信息业，该建筑为用户量身定制，耗资巨大，充分契

图3.20　拱廊将彭博社大楼分为两部分　　　　图3.21　空荡荡的正面

合其目标。

　　该建筑包含一个健康中心和一个思考空间。每个员工都配置了一个电动办公桌，使他们可以站着工作，以降低背痛的发生率。然而，如果你坐在办公桌前，你可能无法享受阳光或畅望天空。

3.　是否具有面向不同使用者的适应性以及应对变化的韧性？

　　该建筑在一定程度上具有适应性，特别是在内部有很大的无柱空间（图3.22）。然而，新的用途可能会在为彭博定制方面花费不菲。

4.　是否有可供广泛使用且受好评的空间？

　　新的步行拱廊斜穿过建筑，但遗憾的是，它错过了创建一条具有多种用途的真实街道（图3.23）。在该建筑的转角处有三个小广场，但保安的存在可能会让人感到不大自在。一层大部分的墙面是空白的，令人望而生畏。

5.　如何通达？

　　离建筑50米外有一个干线火车站、两个地铁站和许多公交站，人们可以便利

图3.22　主楼梯　　　　　　　　图3.23　拱廊

地搭乘公共交通工具到达彭博总部，并且大楼不设员工停车处，不鼓励开车。拱廊是一条受人欢迎的公共人行道，可以直通坎农街车站。尽管已经尽力在建筑内设置清晰标识，但入口的位置仍旧不能一目了然。

6. 是否包含生物多样性？

广场上有几棵小树，屋顶上有一些蜂箱，还有一小块绿植屋面。但这样一个大型且耗资巨大的项目，本可以有更富层次的生物多样性。

7. 是否有效地利用了资源，且最小化对其他资源的影响？

根据BREEAM（英国建筑研究院环境评估方法）评级，彭博社大楼被誉为"世界上最具可持续性的办公楼"。[8]创新的电力、照明、给水排水和通风系统使其高效运行。然而，要对碳足迹进行全面评估需要计算混凝土、从日本进口的600吨青铜、9600吨德比郡砂岩、大量印度花岗石，以及15500吨钢铁，据制造商说，"其重量是埃菲尔铁塔的两倍多"。[9]

能耗方面，照明的效率很高，但共使用了15万个LED灯。该建筑为4000名员工设计照明，人均125个LED灯。总之，该建筑的碳消耗巨大。

大楼所处位置使工作人员可以利用发达的公共交通系统前往大楼，而不需要驾驶私家车。然而附近却很少有住宅开发项目，所以绝大多数人不太可能在步行距离内居住。建筑的存续时间决定了资源总体使用情况。在短短的60年里，许多办公楼就会被拆除重建，彭博社大楼的原址亦如此。在这种情况下，建筑建造消耗的能量将大于其运行的能耗。

8. 是否美观且具趣味性？

彭博社大楼取代了一幢20世纪50年代的办公大楼，伊恩·奈恩（Ian Nairn）形容它"无功无过：是建筑的零点"[10]，所以这没有造成较大损失。原有的规划限高为22层，但彭博社将建筑限制在10层，这是令人敬重的。这座建筑里里外外都很美观。就设计的思路而言，这栋建筑令人印象深刻，但为何鲜有人知呢？因为它的入口和功能都很不明确。

它融入环境了吗？坎农街上大部分建筑的沿街立面仍然很狭窄，保留了中世纪或17世纪的属性。但巨大的彭博社大楼占据了整个街区，或者按照中世纪时期的情况来算则占据了两个街区（图3.24）。

图3.24　彭博社大楼顶视图

这座建筑由德比郡砂岩制成。伦敦金融城主要是由白色的波特兰石建成，而较小的建筑则用红砖或黄色伦敦本地砖建造。彭博社大楼的正面与旁边皇后街的伦敦地方法院采用相同石头建成，但这些石头用于建造光滑的大尺度饰面板，而地方法院则采用肌理细致的立面，有着不同方向的阴影和表面，以使建筑可以以不同的方式捕捉光线。虽然这些石头可能来自同一个采石场，但产生的效果却迥然不同。彭博建筑体积巨大，相对朴素，而邻近的建筑规模庞大却细节丰富。

收获与启示

- 建筑物运行所使用的资源与建造建筑物所使用的资源应当平衡。
- 根据客户或第一用户的需求，精准地定制开发，很可能会限制其适应性。
- 恢复历史路线有助于连接大型开发地与周围环境。

评估2：麦格拉斯路住房

项目：麦格拉斯路住房

地点：位于伦敦纽汉区斯特拉特福德的一个场地

功能：共享产权的初级住房

建筑师：彼得·巴伯建筑师事务所（Peter Barber Architects）

竣工时间：2019年

麦格拉斯路项目由伦敦纽汉区委托开发。作为共享产权的初级住宅，该项目优先考虑当地的年轻人（图3.25）。面对伦敦高昂的房价，这类住宅需要相当优惠的价格。

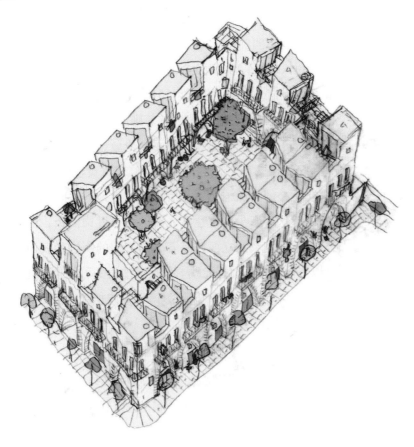

图3.25 麦格拉斯路住房轴测图

1. 是否创造了适宜于场所和使用者的多样活动和功能？

该项目提供了紧凑但价格合适的住房，真正满足了当地需求。住房用途单一，但周边也有其他功能配套。未来可能会对一些房屋进行改造或作其他用途，特别是在越来越多住宅被用作办公空间来使用的当下。

2. 是否适应具体的功能目标？

纽汉区议会希望建筑师为该场地设计几幢公寓楼：建筑师在此前的规划申请中就已经提出了。相反，他们发明了一种新的住房形式：从英格兰北部连排式房屋传统中汲取灵感，他们建造了一种窄立面、围合出庭院的四层楼房。大多数房子每层只有一个主房间，楼层间由一个旋转楼梯相连。厨房/餐厅设在一楼，从街道可以直接进入；往上两层设置卧室，带有公共的或套内的浴室。

顶层是一间客厅，巧妙地旋转了90°，使它面向自己的露台，而不是进入相邻的房子。这既维护了隐私，也避免了连排单向住房的一般缺陷。

房间的大小符合大伦敦政府当局的指导方针。该方案为享受集体生活的人提供了高密度的城市生活。另一方面，建造两居室四层以上的房子当然不同寻常。它鼓励居民积极运动，正如鼓励步行的社区一样。

3. 是否具有面向不同使用者的适应性以及应对变化的韧性？

每栋住宅都有自己的入口，每一栋都可以改造为其他用途，而不必改变整个建筑。其中一些可以用作小型办公空间。

4. 是否有可供广泛使用且受好评的空间？

这些住宅的独立露台和阳台较小，但它们为居民提供了户外空间和种植的地方，能够增进人们的幸福感。庭院除了种植树木外，不设任何障碍，居民可以随心所欲地使用。

5. 如何通达?

此地公共交通发达,还有自行车停车处。房子内部则适合能够上下楼梯的人。至于寻路,该项目布局清晰,不易迷路。

6. 是否包含生物多样性?

该项目只种植了13棵小树,当然无法供养较多野生动物。这已经是在生物多样性与住房集中之间进行了权衡。如果居民热衷于在露台、前门和院子里种植,他们将会为生物多样性作出贡献,但能到什么程度还有待观察。

7. 是否有效地利用了资源,且最小化对其他资源的影响?

在大多数公寓楼里,大约四分之一的空间浪费在共用楼梯和内部走廊。该方案避免了这种利用所有居民居住空间的圈套,有效地利用了城市土地稀缺资源。紧凑的房屋有利于保暖,减少了供暖的需求,而屋顶上的光伏板可以产生可再生能源。

8. 是否美观且具有趣味性?

与其说是伦敦住宅,这个开发项目看起来更像阿尔及尔的一座城堡(堡垒)。不过这种异国情调并不会显得格格不入,而是意气相投。该项目还让人想起伦敦的皮博迪(Peabody)地产和维多利亚时代的铁路拱门。它既适应当地,也突出自身,设计考虑了用户和路人。抛物拱、圆形拱、阳台、弯曲的墙壁、斑驳的砖和深开窗都引人注目。独立的前门和一楼窗户的后退设置也让街道看起来有烟火气息。

收获与启示
- 如果小心谨慎,精巧构思,开发一种新型住房的风险可以控制在可接受范围。

- 细节设计和施工不应忽视行人和用户体验。
- 住宅布局通常是由避免房屋互看的需求决定的，但可能有创新的方法来实现这一点。

评估3：北安普顿的厄普顿

开发项目：厄普顿

地点：北安普顿边缘的绿地

功能：混合用途（住房为主）的城市拓展

城市设计师：易道设计（EDAW）

竣工：自2004年起陆续完工

1997年，基于"尽端路"和支路的布局，北安普顿边缘的一个传统郊区开发项目获得了规划许可。2001年，北安普顿区议会、英国城市建设局（土地所有者）和王子基金会启动了一个项目，试图使其成为城市拓展的最佳实践典范。城市设计顾问易道设计起草了总体规划和设计规范，明确规定了街道和建筑、街道类型、街道材料、街道种植和街道家具之间的关系。

1. 是否创造了适宜于场所和使用者的多样活动和功能？

整个开发项目旨在吸引大量人群，以支撑其在最为重要的街道上的多种用途，包括一所小学、各种商铺和商住混合单元。其他的商业办公室、零售和社区用途将沿着厄普顿北部边缘的A4500公路形成一个中心。但这些仍在腹中：由于当地房地产市场低迷，减缓了项目的开发进程。与其说厄普顿是发起人设想的热闹的城市拓展，不如说更像一个郊区的住宅开发项目，其整体密度为58户/hm^2，有排水系统和公共空间。

2. 是否适应具体的功能目标？

原计划将厄普顿打造为城镇的一部分，而不是一个郊区。若要实现这点，任重而道远。21世纪初可能是最佳实践时机，但今天，这种依赖汽车的开发在气候紧急情况下，似乎远远不能满足需要。

3. 是否具有面向不同使用者的适应性以及应对变化的韧性？

为适应功能的变化以及伴随人口增长而增长的商业需求，商业街底层的层高更高。停车位是决定该项目的主要因素，然而如果条件改变——包括人们的行为改变，这些设计在未来很难改变。住宅配套的花园很小，所以扩建的机会也极其有限。

4. 是否有可供广泛使用且受好评的空间？

厄普顿提供了一个令人愉悦的公共空间。这里没有其他项目那样的交通噪声，充斥着孩童玩乐的声音。街区临街面是公共的，但背部是隐秘的，这意味着"街道眼"的存在，营造了一种安全感（图3.26）。一些较大的停车场设有小型中央休息区。

图3.26　厄普顿的一条街道

5. 如何通达?

　　清晰的街道层次结构是厄普顿项目的基础（图3.27）。这些层次包含主要街道、带有明沟的街道、普通街道、小路（住宅区）和草地，每种特征都在设计规范中有所规定。行人和车辆共享草地和庭院空间，而街道上有传统的带有路缘石的人行道。街道的名字与民间传说和当地的传统有关，如制鞋工艺。

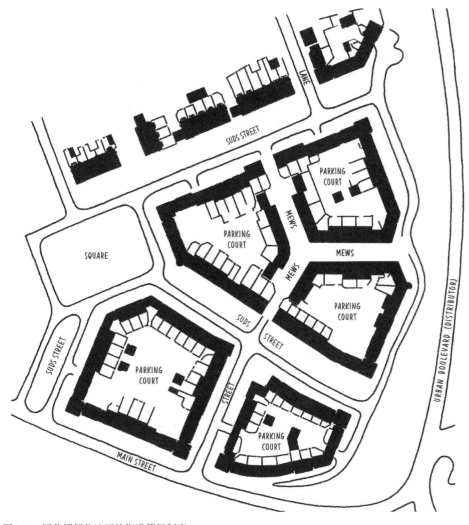

图3.27　厄普顿部分地区的街道等级制度

它距离市中心只有几英里，临近M1且有高速双车道，所以绝大多数人都开车上班。也就是说，汽车几乎是必不可少的。如果车主找不到停车位，他们会把车停在人行道或后院的通道上。

这个地方有一部分被学校场地隔开。这些区域和游戏场地都被围栏包围，而不像在荷兰或斯堪的纳维亚那样向整个社区开放。厄普顿最初的计划试图将新开发项目与场地附近的现有开发项目联系起来。但传统尽端路式住区的居民反对这种过境交通连接，尽管已经建立了行人和自行车连接。休闲娱乐设施以及宽广的乡野散步区域都有着良好的可达性。

街角的转弯半径很大，增大了老年人和残疾人过马路的距离。部分人行道则直接且宜人。

虽然低地板巴士开进了开发区，但巴士站离许多家庭都有相当远的距离。这可能对使用公共汽车造成不便，并阻碍有行动不便或视力障碍的人出行。

相较于典型的、传统的郊区布局，厄普顿的街道网可能更易于通行。

6. 是否包含生物多样性？

在最宽街道有地表水排水系统管理雨水径流，可以降低洪涝风险。绿意盎然的水道穿过引人入胜的木制人行桥，为野生动物提供新的栖息地，同时促进了当地生物多样性的发展（图3.28）。这些排水渠是厄普顿的特色。在整个项目中，这是一个引人注目又别具一格的植物网，它们的主要作用之一是处理广阔停车场和道路区域的雨水径流（图3.29）。尽管它们看起来像是一个自然要素，它们的主要功能其实与车辆的使用有关。

7. 是否有效地利用了资源，且最小化对其他资源的影响？

所有住房都达到了"优秀"等级。厄普顿广场住宅开发（包括私人住宅、首次购房者的经济适用房和社会住房）首次满足了英国可持续住宅评分系统第六条的要求。2009年，英国绿色建筑委员会（UK Green Building Council）将厄普顿广

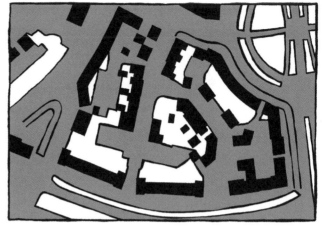

图3.28　一条包含地面排水系统的街道

图3.29　厄普顿的一部分，宽阔的铺地区域（街道、人行道和停车场）被遮蔽

场评选为年度可持续发展项目（项目造价低于200万英镑）。

8. 是否美观且具有趣味性？

虽然设计规范决定了厄普顿的整体特征，但建筑单体的特征取决于个别的建筑商和建筑师。建筑风格五花八门且意趣横生，包罗艺术装饰、工艺美术和现代主义风格。街道形成了自身的个性。当地仍有少许石灰石建筑，但其规模不足以对这个地方的特征产生决定性的影响。

这里有丰富的轮廓线，这在投机性住房项目中并不常见。非标准设计带来了不规则的街区和细致的转角。厄普顿项目的边缘不是低层建筑，而是四层的联排住宅，形成了引人注目的外观。

街道禁止停车，但建筑后面即是巨大的停车场，严重挤占了后花园空间。每栋住宅的后庭院都分配了停车位。公共的街道和草地面积共占据每栋住宅比例的1.5%。然而，在房屋和花园的设计中似乎没有充分考虑垃圾箱的设置问题。

收获与启示

- 设计规范可以指导开发人员构建街道的层次结构，使每种类型都具有自己的特点。

- 开发一系列与更广泛地区相连的街道，需要获得周边居民的同意。
- 关于是否以及何时会有足够多的住房来支撑混合功能，房地产市场起着决定性作用。

上述三个案例研究阐明了如何根据我们的八个设计目标来评估开发项目。每一个项目的开发都会经历一个复杂的过程，其中牵涉到客户、设计师、市场和政策等要素。在下一章，我们将重点关注城市设计的政治层面。

第3章（93~124页）

1　The List is adapted from the one set out in Rob Cowan (2008), *Capacitycheck: Urban Design Skills Appraisal* (London: Urban Design Alliance).

2　Metropolitan Workshop (2016), *Ba/ham High Road,* booklet.

3　Richard Guise, David Harrison and Robert Huxford (2017), 'Britain's historic paving; *Context,* no.152, November (Tisbury: Institute of Historic Building Conservation).

4　English Heritage (2005), *Streets for All* (London).

5　From *Streets for All* (SE England volume) by Richard Guise, quoted in *Characterising Neighbourhoods* (see below).

6　Richard Guise and James Webb (2018), *Characterising Neighbourhoods: Exploring Local Assets of Community Significance* (London: Routledge).

7　www.bbc.com/worklife/article/20171031-is-lord-fosters-newcreation-the-ultimate-office-building, accessed 11 October 2020.

8　Richard Hartley-Parkinson (2018), 'Bloomberg, London, declared world's most sustainable office building; *Metro,* 11 October (London).

9　Laura Mark (2015), 'Five million hours later: Foster's Bloomberg HQ tops out; *Architects' Journal,* 18 September (London).

10　Quoted in David Kynaston (2013), *Modernity Britain: Opening the Box, 1957-59* (London: A&C Black).

第4章
政治、合作
与地方当局的角色

每一项城市设计决策、政策和总体规划过程都将直接影响到特定人群的生活质量。这些决策和行动中的每一项都会影响特定区域人群的生活、出行和活动方式，可能会使居民依赖汽车、高碳出行，也可能使他们生活在资源高效利用的社区，可能鼓励坐轮椅者的出行，或是决定谁能从土地开发的增值中获利，他们可能会对世界各地或未来人们的生活产生或多或少的影响。

这些决定由拥有话语权的人们通过政治程序作出。地方当局在这时则面临诸多棘手的政治问题。

政治与合作

市场经济和民主法律制度为决策奠定了背景，而最终呈现出来的是一系列复杂的政治经济作用下的结果。这些过程的开展方式取决于我们对政治家、社区和公民组织以及专业人士角色的认识。我们应该相信他们是为公众利益而谋吗？还是只是为了服务于他们的政治人物、客户，或是兼而有之？我们应该通过传统的民主程序解决城市设计和规划中的冲突，还是通过其他参与方式达成共识？如果两种方式都不可或缺，又该如何操作这个复杂的流程？这些问题都是显而易见的。

人物的角色

城市设计的顺畅运作，需要理解谁参与其中，有何动机，以及他们如何互相协作。在城市设计中，当地政府发挥着重要作用。他们需要平衡当下和未来的社区利益，平衡选民个人的利益和当地社区更广泛的社会需求，以及商业、当地经济和环境的要求。和涉及的各类专业人员一样，他们需要接受培训，获取信息，以便他们可以根据现行政策作出知情、平衡的判断。

土地所有者可能是个人、公司、地方当局、银行或养老基金。他们可能拥有土地投机短期或长期的权益，可能只对规划许可后的土地增值感兴趣，抑或是希望为子孙后代提供更好的环境品质（图4.1）。

图4.1 约翰·飞利浦（John Philips）为80年代伦敦帕丁顿的租户活动家设计的海报形象

房屋建造商想要建造房屋，但他们可以交易或开发土地，或持有土地银行（用于未来出售或开发的土地）以影响供求关系。为维持高价，他们大多数倾向于缓慢发展，因为这有助于维持特定地点市场的稀缺性。常规的设计和布局可以减少设计和施工成本，并节省时间，所以他们可能会威胁说，如果不允许他们这样做，他们将拒绝开发此地。这个威胁可能苍白无力，而对追求高品质设计的地方当局来说则正中下怀。

土地所有者、开发商或房屋建筑商最关心的可能是公司的股东，而公司股东最关心的是公司的营利能力和价值。一个公司的股份价值可能与它的建造标准无关。规划和设计的过程涉及许多专业人士，包括城市设计师、规划师、勘测师、律师、环境专家、建筑师、景观设计师、可行性专家、社区管理者等。其中一些人看重公众利益，或是受到行业规范的约束而如此；另一些人可能只关心客户的利益，而对行业规范不置理会。一些专业人士天性爱好合作，会寻求与其他人的合作机会，尽可能争取更为全面的共识。还有一些人则只关心他们的专业技能，例如，尽可能地提高经济可行性，或交通量和速度。他们的关注点可能与其客户相同，也可能不同。

地方当局的规划师会影响开发商使用其专业团队的方式，也可以判断团队能否胜任工作。例如，在某些情况下，规划师会建议团队补充专家，如城市设计师或给水排水工程师。保护区的开发项目可能需要遗产专家，涉及高层建筑则需要城镇景观专家，涉及特殊科学价值的地点、具有突出自然美景或指定的景观区域则需要景观评估专家。

社区可以通过社区计划为其观点增加法律的分量。这些文件为周边地区制定了规划政策，而这些政策与地方当局在其发展计划中制定的政策具有同等地位。早在1884年[1]，帕特里克·格迪斯（Patrick Geddes）就提倡公众积极参与规划和重建。但是直到20世纪60年代，在英国官方规划体系中都几乎没有提供任何类似的机会。1969年，美国评论员雪莉·阿恩斯坦（Sherry Arnstein）探讨了参与阶梯（ladder of participation）的概念，以展示规划过程的政治本质（图4.2）。[2]阿恩斯坦阶梯（Arnstein's Ladder）是最著名的规划图示之一，它反映了公共参与的层次结构（图4.3）。

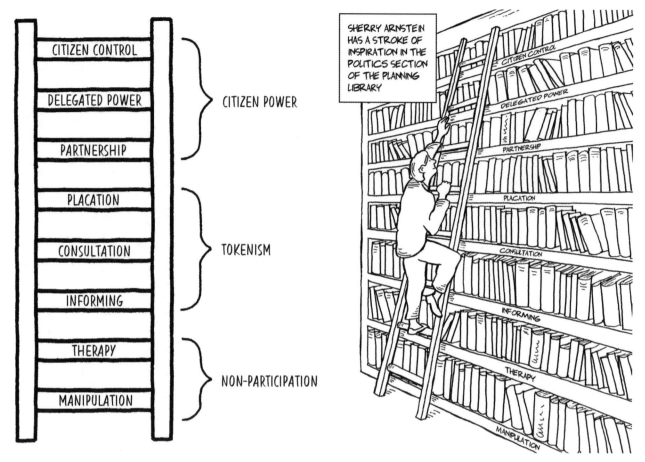

图4.2　阿恩斯坦阶梯

图4.3　雪莉·阿恩斯坦的灵感来源

同年，由国会议员亚瑟·斯基芬顿（Arthur Skeffington）主导的议会委员会的报告《人民和规划》（*People and Planning*）在英国发表。[3]斯基芬顿报告（图4.4）谨慎地建议道，征求公众的意见可能会使规划更好地反映公众利益，标志着规划和城市设计中公众参与缓慢发展的开始。现在，已有广泛的公共参与，即便少有达到阿恩斯坦阶梯的情况，许多成果都很有价值。但也存在时机不当或管理不善的情况，或者发起者只是为了走过场，或最糟糕的是，组织者基于自身的利益而诱使公众支持某一特定结果。

图4.4　斯基芬顿报告

公共参与城市设计的成功过程取决于：

- 让人们尽早地参与到这个过程中。

- 确保人们能够对项目的进展产生真正的影响。

- 为人们获得信息、专业技能和其他资源提供渠道。

- 在开始时就制定方案、时间安排、资金和参与规则。

- 根据特定情况定制流程。

- 建立信任，发展人际关系。

- 与现有的民主机构合作，并在必要时发展新的民主机构。

- 努力使原本可能被排除在外的群体，如年轻人、身心残疾人士以及黑人和少数民族社区参与进来。

图4.5　进行地方查询（Placechecks）

图4.6　地方查询（Placecheck）的三个问题

　　为促进公众参与城市设计和规划，人们开发了许多技术和方法。地方查询（Placecheck）是一个供社区和社区团体免费使用的应用App，它可以帮助人们轻松地获取一个地方的信息，了解当地居民的意见（图4.5）。[4]在应用时，首先出现的问题是：我们喜欢这个地方的什么？不喜欢什么？需要为此做些什么（图4.6）？人们可以用手机、平板电脑或在其他家用设备上使用这款App，在网络地图上进行标记（图4.7，图4.8），且这些在线资源是可下载的。

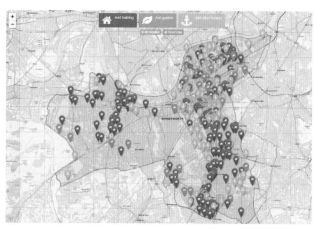

图4.7 布里斯托尔（Bristol）布鲁内尔·麦尔（Brunel Mile）的场所搜索，是千禧广场（Millennium Square）和圣殿米德斯站（Temple Meads Station）间的一条路线，以了解如何改善步行体验

图4.8 在定制版Placecheck App的帮助下，伦敦旺兹沃斯区（Wandsworth）的便利设施协会更新了该区的本地名单

设计马拉松（charrette，也称为设计工作坊，城市设计援助团队，行动规划活动，社区规划周或设计问询）通常会持续几天。利益相关者和公众齐聚一堂，共同设计和规划需要改变的地方（图4.9）。[5]在没有研讨会的情况下，土地所有者、开发商、专业人士、政治家、法定承办人、政府机构等人通常要花费几个月讨论一个开发项目。这个过程困难重重，会有许多沟通障碍。但是研讨会可以将大部分过程压缩在几天内进行，促进相互理解，激发创造力（图4.10）。

"charrette"原意是小推车，曾用于收集巴黎建筑学生的设计图纸，并送到巴黎国立高等美术学院进行评估。一如既往，不到最后一刻学生不会放下他们的方案，甚至可能在小推车上进行最后的润色。后来这个词便被用来指代他们经常召开的（通常是通宵的）设计研讨会。建筑师和城市规划学家约翰·汤普森（John Thompson），是英国发展设计马拉松的领军人物，王子基金会也经常使用它自己的研讨会版本——"设计问询"。[6]像其他工具一样，人们也会误用这种方法。最好的结果是，它们会

图4.9 在苏格兰金卡丁一个小教堂里参与研讨会的人

图4.10 插画家托尼·麦凯（Tony McKay）在一幅壁画上记录了在苏格兰的丹尼进行的研讨会

产出丰富的信息和意见以支撑一个充满创造力的合作过程，从而达到其他方法无法实现的结果；最坏的结果是，人们通过研讨会欺骗社区、政府和专家，让他们支持他们想要的任何东西。

质疑每一个参与过程：

- 它在为谁牟利？谁在控制它？
- 所有的参与者都拥有他们所需要的信息和技能吗？
- 这个过程将谁排除在外？
- 结果是否可能实施？

邻避程度

如果一个人反对在他们居住地附近开发，他可能会被冠上"邻避"（nimby）的名号。这个词通常带有贬义，它是"别在我的后院"（Not In My Back Yard）的首字母缩写（yard是美式英语中的花园，相当于英式garden），于20世纪80年代由美国传入英国使用，其含义是反对者是自私的，他们乐于住在一个过去"开发"的房子里，而一旦新的开发将对他们的观点、本地交通和社区有任何他们难以接受的影响时，他们就不愿让别人享有同样的特权。

绅士化：谁赢了？

关于绅士化的争论引发了城市设计和规划中谁赢谁输的问题。绅士化是指收入较高的人搬到居民区取代以前居民的现象。这往往会减少社会和经济多样性，剥夺了改进措施所要帮助的人的利益，并将穷人集中在其他地区。在一个没有公有制的市场经济中，改善地区的公共措施总是有可能最终导致绅士化，尽管其影响可以而且应该减少。近年来，在一些情况中会用到"绅士化"一词，例如地方当局拆除或出售社会住宅的一部分，并将房屋或清理过的土地出售给私人开发商。绅士化的教训是，仅仅关注物理层面的改善是不够的。城市设计师必须决定他们想要实现的目标，理解推动变化的经济、政治和社会机制，并据此采取行动。

地方当局的作用

地方当局在城市设计和规划中承受着持续的政治压力，包括放松管制的压力，完成工作的压力，让人们自由做他们想做的事情的压力，阻止他们的邻居做他们想做的事情的压力，尊重地方特色的压力，允许百花齐放的压力。

在本节中，我们将讨论地方当局在以下方面的作用：

- 为当地规划项目选址。

- 地方规划政策。

- 城市设计导则。

- 预申请讨论。

- 规划纲要申请。

- 保持质量。

- 设计说明。

- 设计评审。

为当地规划项目选址

地方当局要求将选址囊括进当地规划过程。土地所有者需要填写表格，并提供规划纲要，用红线标明具体的建设用地，说明场地规模、周边的道路情况，以及适宜的建设量。可以邀请一名顾问，通过提供建议布局、指定密度和基础设施来证明建筑数量的合理性。

地方当局会对已提供的场地进行评估，查看场地大小、住房密度、交通方式，以及任何可能影响建筑布局的要求，并给每个场地打分，通常在1~5分之间。地方当局会制作一张地图，用不同的颜色标明地点，表明可能什么时候开发哪个地点，哪个已经开发，以及它们是否已经获得规划许可。其目标是给出一个比中央政府给出的目标略高的指标。

这些是最好的住房选址吗？大概率不是。这些地点的选择或多或少是随机的，不过也不会特别糟糕。城镇已经获得扩建指标，但还没有计划增加。一个漫长而花费较高的调查过程包括项目选址的分析。

这里的思路是，任何城市设计都将在之后进行，届时将为某个特定地点制定总体规划。但到那时为时晚矣，因为许多最重要的城市设计决策已经作出。城市设计师罗杰·埃文斯提出了一种战略城市设计方法（图4.11）[7]，将"考虑地形，寻求通过流域而不是所有权边界来增加定居点"；将交通结构作为城镇的重点和核心，而不是简单地连接分配的地点，就像管道图随意连接电器；围绕城镇最重要的街道和大道创建社区，而不是只关注土地所有权。

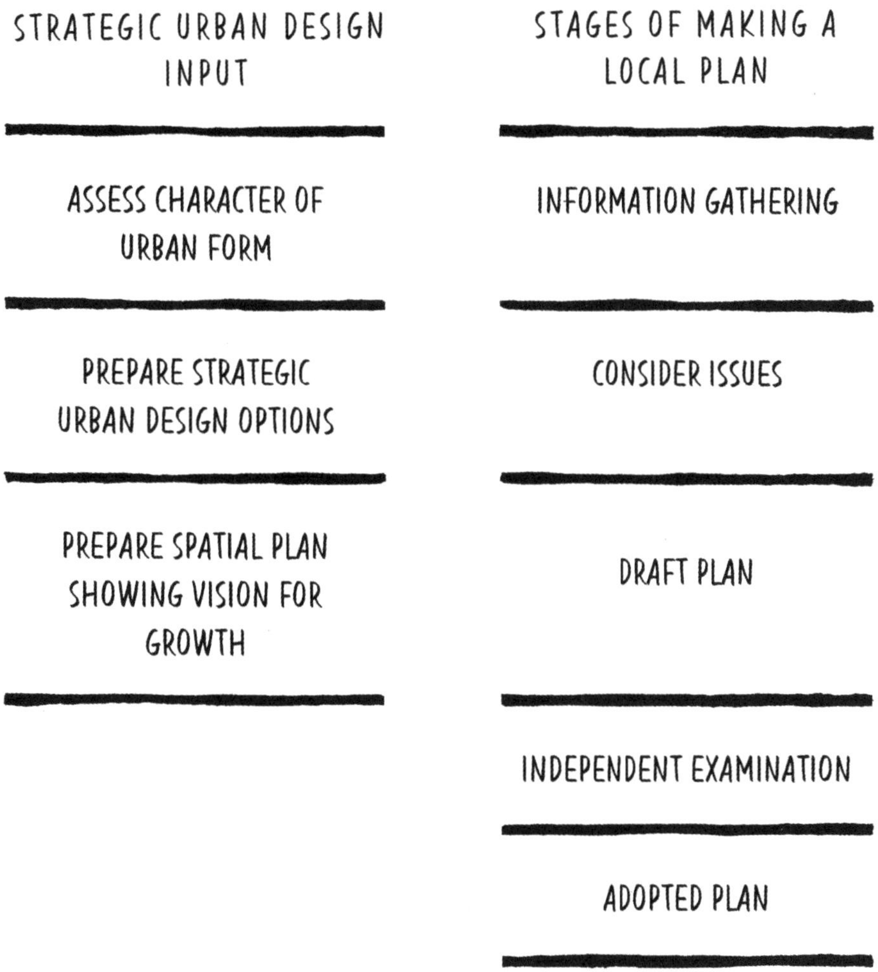

STRATEGIC URBAN DESIGN
INPUT

STAGES OF MAKING A
LOCAL PLAN

ASSESS CHARACTER OF
URBAN FORM

INFORMATION GATHERING

PREPARE STRATEGIC
URBAN DESIGN OPTIONS

CONSIDER ISSUES

PREPARE SPATIAL PLAN
SHOWING VISION FOR
GROWTH

DRAFT PLAN

INDEPENDENT EXAMINATION

ADOPTED PLAN

图4.11 战略性城市设计投入与地方规划之间的关系

在历史层面上，埃文斯写道："扩建地区通常是某个历史悠久的居住点的一部分，可能基于针对微气候或社会经济的考虑，而具有特定的地方开发模式。"在影响新开发方面，这些问题可能与建筑细节或当地建筑材料一样重要。在2019年，在由城市设计小组支持的一项未发表的提案中，埃文斯提出了一些战略性城市设计的基本问题：

地形、景观和微气候

项目方案与周围景观的逻辑关系是否清晰，场地是否由任意的产权边界定义？

出行和连通性

拟建场地是否毗邻铁路或其他公共交通节点？这种布局能否提高公交路线的效率？开发项目是否与现有的步行和骑行网络相连？

邻里结构（土地利用）

人们能否便捷地到达便利店和其他服务设施？花10分钟乘坐公共交通工具能抵达地区中心吗？花20分钟乘坐公共交通工具能到达城镇或市中心吗？

历史背景

项目延续了当地住房的风格吗？比如说，是否通过一种特定形式的计划或边缘条件，满足水、乡村或公园建设？

进化和成长为自己的能力

该场地的性质会长期限制其开发用途吗？以及部分用地能够从郊区发展为城市中心吗？

2020年，在一篇未发表的论文中，罗杰·埃文斯呼吁规划与时俱进，简明地阐述了城市设计。"以不同的用途划分土地已经不再具有意义，"他写道，"在这个土地利用混合且灵活的新时代，固定土地利用的地方规划体系已经不适用了。新的地方发展规划应当重点关注交通结构和公共领域。与其聚焦于土地利用，不如将场地间的交通作为'场外需求'。"新的规划将根据地形和微气候，由城市设计和市政工程合作规划主要街道，还将包括新的公园。

土地利用区划将成为过去式，不同的功能会自然而然地聚集到适合自身运转的地方。高人流量的功能将聚集在四通八达的街道周边，需要安静环境的地方则聚集在可达性最弱的街道周边。要作出这些改变，需要将资源从发展控制转移到实际规划。新的路网需要服务足够多的土地才能支撑开发需求。街道设计还需要包括简要的建筑沿街立面设计规范。开发商需要通过竞标来获得每个地块的开发权，而规划局需要合资公司的特性和能力来协调项目。

埃文斯总结道："我们将给后代留下珍贵的城市形式和公共领域，也允许他们根据时代的需要来重新进行功能布局。也许我们一直是这样做的吧？"

为地方当局或寻求影响政治争议的组织工作的城市设计师，应该寻找机会来推进政治和实践朝上述方向发展，并反对将规划看作是实现房屋建设目标的一种手段。与此同时，私人执业城市设计师应该遵守职业道德，并谨慎选择客户。

图4.12展示了三个尺度上的城市设计，以及可以用来表示它们的图形类型。

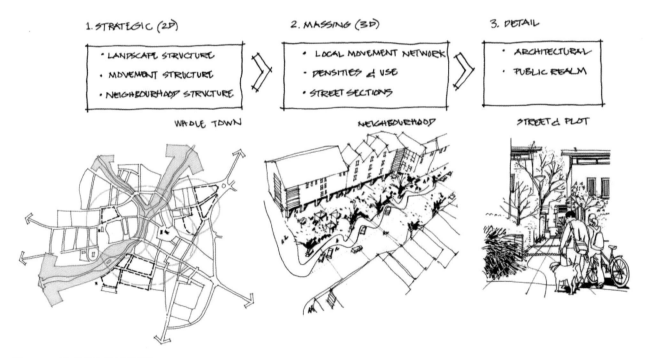

图4.12　三个尺度上的城市设计

地方规划政策

议会地方规划中的规划政策可以明确设计开发应取得的成果，并解释可以使用的工具和过程，把与设计相关（建筑、构筑物和空间的物质形态）的政策囊括进规划愿景、目标和总体战略政策，非战略性政策以及社区规划中。图4.13中，一项社区规划展示了基于对该地区的详细评估和对新住房和就业影响的分析，新开发项目可能的选址。补充性规划文件，如地方设计指南、总体规划或设计规范，能够为设计提供更多的细节内容。虽然它们不是当地规划的一部分而不能引入新的规划政策，但仍是决策过程中需要考虑的重要因素。

地方规划局或社区规划论坛制定的非战略性政策，可以为一个区域建立更具地方性且更详细的设计原则，包括了对特定地点分配的设计要求。区域规划是一种特殊形式的地方规划，规划局可以利用它为经历重大变化的地区——如城镇中心和重建地区，提供政策框架。区域行动规划可能包含或附有该地区的总体规划。

城市设计导则

城市设计导则是一个通用术语，是指导开发商和设计人员（以及其他代理）进行规划和设计开发的文件。这些导则可以由地方当局（作为补充性规划文件）、土地所有者、开发商、合作伙伴企业、商业和社区组织（他们都应参与该过程）编写，或是其中一些人联合编写。图4.14展示了从住宅可以俯瞰到的公共空间，这些"街道眼"使它更加安全。

城市设计导则可能与以下内容相关：具体场景（如城市设计框架和规范，开发条件、总平面和场地设计规范）；具体主题（通常称为设计指南，主题包括店铺立面、房屋扩建和翻新）；具体政策（如保护区、交通走廊、滨水区和绿化带政策）；或地方区域规划（如为整个街区或县提供的城市设计指导）。如果该导则与当地规划相协调、有公众参与编制、且经由规划局正式采用，则可视为补充性的规划文件（有关设计规范的内容详见第5章）。

图4.13 由蒂博尔兹规划和城市设计公司制定的塔姆社区规划，紫色表示潜在的开发区域。蓝色区域是洪水区和景观高价值区

图4.14 莱维特·伯恩斯坦（Levitt Bernstein）为利物浦市议会独立公司基金之家（基金会）制定的住宅设计导则，展示了如何营造公共空间的视线保护

充分理解场所精神，掌握地方发展的需要和目标，是有效制定与设计相关规划政策的基础。然而许多政策的内容很宽泛，既没有助益又令人困惑，比如发展应该是"适当的"，或者创新（未指明是什么创新）是受欢迎的，又或者只是在重复国家政策中已经存在的内容。在制定地方规划时，当监督人员询问以下问题，必须给出令人满意的答复：

- 这个决定是否遵循了指导意见？
- 该指南是否经过充分构思？
- 该指南是否与规划政策有关？
- 该政策是否反映了人们对这个地方的真正理解？

如果上述任何一个问题的答案是否定的，这个决议很可能会被推翻。

许多设计指南几乎毫无影响力。有的读者可能认为指南中的内容是他们已经知晓的，有的读者可能觉得其内容反映的价值观和态度是陌生的。大多数成功的指南建立在对不同结论的清晰理解，以及如何说服得出这些结论的人相信这符合他们的利益。纸质的或在线的导则只是一个开始：我们需要把它嵌入到规划和设计过程中，并应提供培训，帮助目标读者使用（可能包括议员、议会官员、房屋建筑商、开发商、代理、顾问和公众成员）。

由蒂博尔兹规划和城市设计，以及城市设计技能联合撰写的《家庭和社区：布拉德福德设计指南》[8]清晰地给出了具体的做法。它不同于许多住房设计指南：首先，它认识到设计目标不应该仅仅是建造房屋，而应该是创建成功的社区。其次，它关注的是规划和设计过程，而不是宣扬好的设计。它制定了一个框架，使委员会、开发商和房屋建筑商能够合作，从而提高标准（图4.15）。关键在于设计住宅之前，要使用预申请讨论、总体规划和明确的规划条件。布拉德福德区议会通过了将该指南作为补充规划文件的决议。

多方利益相关者深入协商制定的布拉德福德设计导则，将重点放在了该地区最重要的问题上（图4.16）。其中的典型就是该导则对坡地地形的回应。布拉德福德区位于丘陵地带，大多数未建造的开发场地都有斜坡，而房屋建筑商大多倾向于把这些斜坡处理成台地。但是设计导则规定，对于地形不同的场地，方案必须尽可能地顺应自然斜坡，以利用场地的地形特点。它指出，设计住宅时尽可能地

PROJECT STAGE	COMMUNICATING	OUTPUT
1. DEFINING A BRIEF	PRE-APP DISCUSSIONS AND CONSULTATION	DEVELOPMENT BRIEF
2. CREATING A NEIGHBOURHOOD	PRE-APP DISCUSSIONS AND CONSULTATION	SCHEME CONCEPT OR MASTERPLAN
3. DESIGNING A HOME	PRE-APP DISCUSSIONS AND CONSULTATION	DETAILED DRAWINGS
4. PLANNING APPLICATION	CONSULTATION	DESIGN AND ACCESS STATEMENT

图4.15 《家庭和社区：布拉德福德设计指南》为项目开发制定的设计规划过程

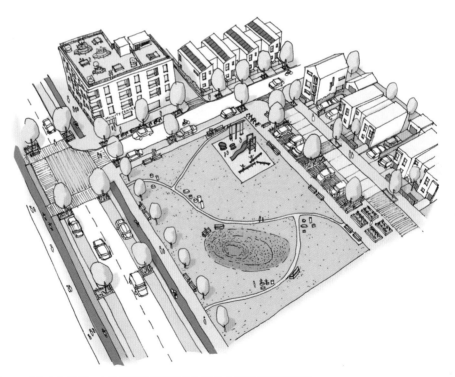

图4.16 《家庭和社区：布拉德福德设计指南》草图（在原文中有注释）

顺应地形，有助于减少基础工程的成本，并有助于在社区中创造独特性和开阔的视野。导则明确规定，开发商和房屋建筑商必须考虑到坡度、土地使用历史、土地质量（包括污染）、地质条件、该地区的采矿历史和地面稳定性。将所有这些问题在规划过程之初就提上议程，才有可能成功地利用具有挑战性的场地。

2019年，英国政府基于国家规划政策框架发布了《国家设计指南》[9]，列出了他们认为优秀的设计。

预申请讨论

在预申请讨论中，潜在的申请者和规划局可以讨论适用于场地的预期方案，以及如何应用设计政策和导则（图4.17）。保障规划局能够在设计初期了解并指导拟建项目，可以避免后期的修改，开发商在花完设计预算后往往不愿更改方案。这样的讨论还可以使开发商更有可能获得他们想要的规划许可，而尽量避免延迟

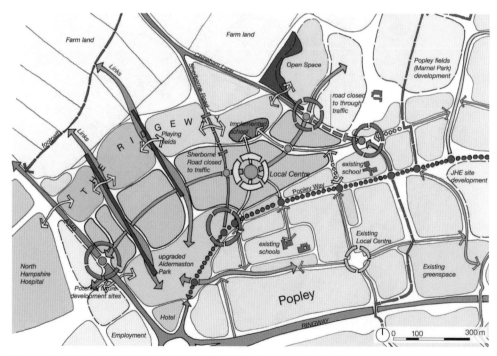

图4.17　由蒂博尔兹规划和城市设计制定的贝辛斯托克和迪恩地方概念规划

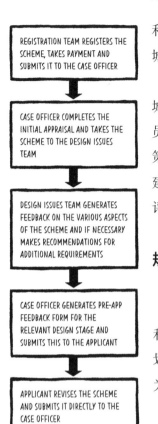

 左侧流程图（从上到下）：

REGISTRATION TEAM REGISTERS THE SCHEME, TAKES PAYMENT AND SUBMITS IT TO THE CASE OFFICER

↓

CASE OFFICER COMPLETES THE INITIAL APPRAISAL AND TAKES THE SCHEME TO THE DESIGN ISSUES TEAM

↓

DESIGN ISSUES TEAM GENERATES FEEDBACK ON THE VARIOUS ASPECTS OF THE SCHEME AND IF NECESSARY MAKES RECOMMENDATIONS FOR ADDITIONAL REQUIREMENTS

↓

CASE OFFICER GENERATES PRE-APP FEEDBACK FORM FOR THE RELEVANT DESIGN STAGE AND SUBMITS THIS TO THE APPLICANT

↓

APPLICANT REVISES THE SCHEME AND SUBMITS IT DIRECTLY TO THE CASE OFFICER

图4.18 诺丁汉的预申请程序

和不确定性。对于地方规划局来说，预申请讨论的价值取决于它是否具备必要的城市设计技能。

图4.18显示了在诺丁汉的预申请过程。[10]设计议题小组由项目人员、规划人员、城市设计人员和公路开发管理人员组成。如有必要，该团队还将包括树木保护人员、文保人员、GIS/3D绘图人员、网络管理人员、维护团队、规划政策团队、住房策略团队、地产团队、更新团队和其他专家。设计议题小组可能会对其他需求提出建议，比如3D测试、设计研讨会、信息、绘图、与申请人的设计议题会议、设计评审小组和设计支持。委员会标准的预申请费只包括每个设计阶段的一次修订。

规划纲要申请

申请规划纲要许可能够在提出完整而详细的建议之前，判断拟建项目的规模和性质是否适宜。纲要申请应该包括设计原则——这通常是决策的基础。纲要规划申请本身并不能保证一个高标准的设计。在某些情况下，设计规范也许会被作为纲要申请的一部分，用以指导随后的保留事项申请（见第5章）。

保持质量

实施规划许可时往往会降低设计标准。图4.19是《规划和平面制作设计指南》[11]中使用的一个比喻：一个美丽的果冻在到达桌子时已经失去了它的形状。

地方当局可以采取许多措施来防止这种情况发生：

PLANNING CONSENT SITE SOLD ON NEW DESIGN TEAM AMENDMENTS TO DETAILS CONSTRUCTED PROJECT

图4.19 设计看起来前景光明，但事件接踵发生，最终导致不同的结果。因此需要建立在规划过程中有效防止质量下降的方法

- 坚持将设计细节作为初始许可的一部分，这样重要的元素就不会被推迟到以后考虑。

- 确保以后申请取消限制条件或修改批准的方案不会影响设计质量。

- 起草规划条例，以进一步控制设计细节，应清楚地说明如何保证结果的质量。

- 使用法律协议来处理规划条例无法处理的重要设计问题。

- 使用强制执行权，并确保所有人对此周知。

- 审查实际正在建造的情况，并与规划当局（包括议员）的期望进行比较。

- 鼓励开发人员在设计和实施的后期阶段沿用规划申请团队的设计顾问。

- 进行现场检查，以验证是否符合已批准的规划和条例。

设计说明

设计说明（通常称为设计和交通说明，尽管交通毫无疑问是一个设计问题）是规划申请的书面材料之一，说明了申请人如何基于场地及环境分析，应用设计原则来实现高标准的设计。细节设计的范围和程度取决于开发项目的性质、场地及其文脉特征。在解释规划提案起草背景方面，该说明有具体内容而不仅仅是对规划方案的描述。

开发商可以通过设计说明草案来解释开发项目所依据的设计原则，从而使地方当局能够对方案中的主要问题作出初步回应。相比之后将与规划许可申请一起提交的设计说明文件，这个阶段的草案可能更模糊、宽松、自由。它应该是一份灵活的文件（就像最好的总平面一样），可以为良好沟通提供扎实基础。

设计说明（图4.20）适用于参与此流程的所有人：

- 对开发商而言，好的设计说明可以减少规划过程中的冲突，提高过程中的决策速度，鼓励与当地社区建立更好的关系，增加结果的确定性，并提高开发商设计品质的声誉。

- 对城市设计师和建筑师而言，编制设计说明的过程可以帮助设计团队向他们的客户/开发商解释方案的依据，并提出令人信服的论点，用于与规划当局的谈判。

图4.20 编制设计说明可以帮助设计团队阐述方案的依据

- 对地方当局而言，设计说明可以为谈判提供框架和重点，并记录它们的演变，也可以提供一个框架，允许规划者有力地捍卫他们的需求，并寻求具体的说明和改进。

- 对当地社区而言，开发商的设计说明有助于组织和记录当地的咨询，并确保开发方案得到明确的解释。

设计说明的编制有赖于良好的设计技巧，其编制要求不应过于烦琐，而应该规范工作和过程，使得无论是优秀的设计师还是积极参与的客户都能胜任。设计说明的细节和范围应与项目的规模、合理性和复杂性相匹配。作为主要开发项目的设计说明要详细而全面。

每份设计说明至少应包括：

- 一份简短的书面说明，阐明拟建项目的目的、场地和环境评估、设计原则，并说明方案是如何回应评估和设计原则的。例如，该说明可以解释这些方案将如何实现本书提出的八个设计目标。

- 一份简短的书面说明，阐明设计如何回应中央和地方政府的政策和指导。

- 一份显示场地、周围建筑或自然环境，以及评估中确定的场地要素特征的平面图。

- 平面图和立面图。

- 一些照片，以说明场地和决定该设计的关键特征。

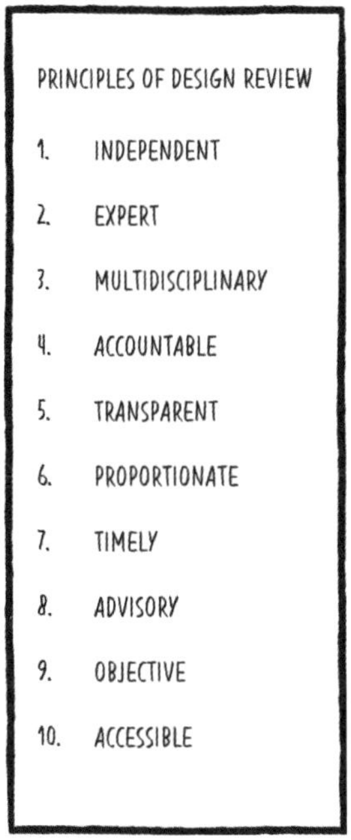

设计评审

设计评审是一个由多学科专家小组对项目方案进行正式评估的过程[12]，它应当融入城市设计和规划过程中。在许多情况下，开发商要支付设计评审的费用，从而在相对早期阶段（在所有设计费用支付之前）来评估方案是否符合政策，在预申请讨论和编制总体规划，设计规范和其他指导文件的阶段是否都取得了良好的进展。评审可能由地方当局或由独立的机构开展。任何项目都可以根据第2章中指定的八个目标进行评审。

建筑与建成环境委员会（CABE）制定了10条设计评审原则（图4.21）。[13]虽然该组织现已不存在，但这些原则是健全的。

PRINCIPLES OF DESIGN REVIEW

1. INDEPENDENT
2. EXPERT
3. MULTIDISCIPLINARY
4. ACCOUNTABLE
5. TRANSPARENT
6. PROPORTIONATE
7. TIMELY
8. ADVISORY
9. OBJECTIVE
10. ACCESSIBLE

图4.21 关键要素

1. 独立性——选择与项目负责人和决策者无关的人进行评审，确保不会产生利益冲突。

2. 专业性——由具有公认地位和专业知识的优秀设计师承担。

3. 多学科性——评议小组应当综合城市设计师、建筑师、规划师、景观建筑师、工程师和其他专家的不同视角，提供一个完整、全面的评估。

4. 可靠性——必须确保评议小组为公众利益而工作。评议报告应在项目所属的类型下公布和公开。

5. 公开性——评议小组的职权范围、成员资格、治理过程和资金都应公开。

6. 适宜性——设计评审将用于重大项目，以及具有足够重要性而能确保其资金的项目。

7. 及时性——在设计过程中尽早进行设计评审，以避免浪费时间，节约成本。

8. 建议性——评议小组不作出规划决定，而是为地方规划当局提供公正的建议。

9. 客观性——评议小组根据合理客观的标准而非个别成员的风格偏好来评估方案。

10. 可用性——清楚表达研究结果和建议，使设计团队、决策者、客户和公众都可以理解和利用。

其他开发项目的评审通常以其他名义进行。地方联盟提倡"场所评议"，关注用地边界线之外更广泛的区域，联合地方社区和地方机构进行公众参与，涉及医院和交通基础设施一类大型且复杂的项目。

一些地方当局和其他机构组织"社区评审"小组，其成员可能不是行业的领军人物，而是对当地相当了解、有良好判断力的人，并且人员构成在行业、年龄和民族方面具有足够的多样性和代表性。

在本章中，我们介绍了城市设计决策是如何通过行政程序作出的。地方当局参与了很多这类过程，如为地方项目选址、编制政策和导则、预申请讨论、编制设计说明和组织设计评审等。这些进程的运作方式和地方当局的作用将永远充满争议，随着政治钟摆的不断摇摆而改变。城市设计和规划中总有赢家和输家：这就是政治。在下一章中，我们将重点讨论城市设计师在战略性城市设计和总体规划中的工作。

第4章（127～146页）

1　In Geddes's work on the improvement of slum courts in Edinburgh Old Town.

2　Sherry Arnstein (1969), 'A Ladder of Citizen Participation; *Journal of the American Institute of Planners,* July

3　Skeffington Report (1969), *People and Planning: Report of the Committee on Public Participation in Planning* (London: HMSO).

4　See www.placecheck.info.

5　Charles Campion (2018), *20/20 Visions: Collaborative Planning and Placemaking* (London: RIBA Publishing) discusses charrettes and provides case studies.

6　Details of methods of community involvement in urban design and planning can be found at www.communityplanning.net.

7　Roger Evans (2019), 'Bring on the conservation team; *Context,* no.158, March (Tisbury: Institute of Historic Building Conservation).

8　Bradford District Council (2020), *Homes and Neighbourhoods: A Guide to Designing in Bradford.*

9　Ministry of Housing, Communities and Local Government (2019), *National Design Guide* (London).

10　Laura Alvarez and Nigel Turpin (2019), 'Nottingham's politicians champion design quality, *Urban Design,* no.151, summer (London: Urban Design Group).

11　Urban Design London (2017), *The Design Companion for Planning and Placemaking* (London: RIBA Publishing).

12　In a different sense the term 'design review' may also refer to a stage in the design process in which a design team submits itself to an assessment for its own internal purposes, but that is not what is being discussed here.

13　Design Council (2013), *Design Review: Principles and Practice* (London: Design Council).

第5章
战略性城市设计
与总体规划

创造成功的场所通常离不开一个有影响力的组织来保证设计的落实，以及长期应对变化的能力。这样的组织包括几个世纪以来许多新城镇的建设者、政府开发机构、高效的地方当局，以及伦敦的贵族（当已故的第六代威斯敏斯特公爵，即格罗夫纳庄园的主人，被问及对年轻企业家的建议时，他回答说："确保你的祖先是征服者威廉一世的好朋友"）。

近年来，政府对战略性城市设计与总体规划的态度从强烈反对到谨慎支持不等。同时，总体规划一直是城市设计实践的重要内容之一，它有各种方法，但鲜有成功。在本章的后半部分，我们将讨论总体规划令人振奋的发展趋势，以及设计规范中的相关议题。尽管缺乏有效的国家制度，我们可以先关注一些有关战略性规划富有创意的思考。

战略性城市设计

成功的场所营造：格拉斯哥王冠街和太平洋码头

近年来，一个成功的场所营造案例，是格拉斯哥开发机构打造实施的王冠街项目，他们重新开发了格拉斯哥高伯的一大片区域（图5.1）。由CZWG事务所的皮尔斯·高夫（Piers Gough）主导的总体规划，被证明是30多年发展的良好基础。它将原本被高速公路环绕的郊区绿地重塑为现代街区的路网。该项目的突出之处在于它的尺度、一种创造全新城市形态的雄心（受到该地区原有公寓的启发），以及使愿景成为现实的决心。

图5.2a和图5.2b展示了王冠街开发项目的停车空间：除人行道边缘的停车位之外，道路中心提供了双排停车位，并与建筑正立面保持了适宜的角度。这样的设计在避免杂乱宅前空间的同时，使停车空间在居民的视野范围中。这也意味着可以在街区边缘提供安全、共享的空间。

作为格拉斯哥开发机构十余年的首席执行官，斯图尔特·格

图5.1 王冠街角落处一座引人注目的建筑

图5.2a和图5.2b 王冠街项目街道中心的双排车位

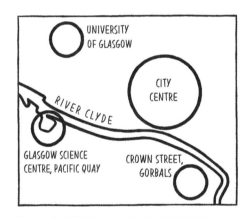

图5.3 格拉斯哥,一座被河流分割的城市

列佛(Stuart Gulliver)是王冠街项目的推动者。尽管该项目令人印象深刻,但格列佛最引以为豪的是另一个项目:位于太平洋码头的科学媒体中心,该码头曾举办了1988年格拉斯哥花园节。他说,在那之前,格拉斯哥一直是一个只有单侧河岸的城市。所有重要的东西都集中在克莱德河北侧,而南侧则是由废弃的工业用地组成的荒地和偏远的郊区(图5.3)。重塑信心以吸引河岸南侧的重要企业,是经济开发和城市设计的壮举。

是什么让一个组织能够如此有效地实现城市变革?"团队是关键",格列佛说道,"糟糕的人往往带来糟糕的设计。在组建团队上花费再多时间都不为过[1],特别是对地方当局而言,他们有着巨大的潜力去创造成功的场所,但往往缺少训练有素的城市设计师来帮助他们实现。"

一旦政治经济条件成熟,很多城市设计师都秉持着各种决心将概念付诸实践。这些概念的共同之处,是将交通和可达性作为规划中应对全球气候变化的关键。

收获与启示

- 成功有赖于正确的团队。
- 识别出场所的结构性弱点。
- 可达性是战略性规划的关键。

互联城市

由城市设计师和建筑师布莱恩·勒夫（Brian Q. Love）等人倡导的"互联城市"概念，旨在通过将城市资源与开放的乡村便利结合起来创建城镇群，来更新埃比尼泽·霍华德（Ebenezer Howard）的社会城市愿景。通过将目前使用不足的铁路线连接起来，每个互联城市会有一个中心城镇，从该中心城镇到其姐妹城镇的铁路距离不超过15min。几乎所有的开发都会在火车站1km范围内，在步行区（火车站周围10min步行范围内的可步行区域）。步行区的核心包括车站周围高密度和混合功能的开发。汽车不会被完全禁止，但将主要服务于公共交通无法到达的目的地。

互联城市内部和连接区之间未被充分利用的铁路，将设置现代化的列车和基础设施。城镇间的线路将有高频次、地铁式的服务，部分线路将按需提供服务。在老城区建设一些步行区，车站周边的开发区，可作为一个涵盖旧中心或通过步行商业街连接的新中心。有些步行区位于城镇边缘，同时服务于原有城镇和新开发区的新建区域。还有一些步行区将修建在乡村车站周边的新建绿色城镇。

收获与启示

- 确认未被充分利用的铁路运量。
- 在车站周边1km的范围内开发。
- 兼顾密度与可达性。

高速城市

高速城市是国家基础设施委员会2017年场所营造创意竞赛的获胜方案，该竞赛寻求对包括剑桥、米尔顿·凯恩斯、北安普顿和牛津在内的弧形区域未来发展的灵感，该区域是英国增长最快、生产力最高的地区之一（图5.4）。该团队的成员有莎拉·费瑟斯通（Sarah Featherstone）、凯·休斯（Kay Hughes）、安娜莉·里奇斯（Annalie Riches）、佩特拉·马尔科（Petra Marko）、詹妮弗·罗斯（Jennifer Ross）和朱迪思·赛克斯（Judith Sykes）。高速城市识别了目前被视为不适合发展的地点，并通过由本地、中等和较长距离的骑行和步行网络支撑的交通便利的地方。在现有或拟建的火车站11公里的半径范围内，15~20个村庄将由骑行和步行路线网络所连接。

收获与启示

- 为开发区选择新的形态。
- 建立骑行和步行路线的网络。
- 连接村落群。

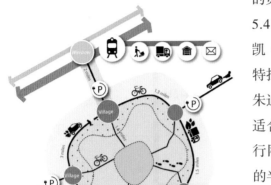

图5.4 步行城市典型部分的概念规划

高速轨道（Swift Rail）

由经济学家和城市学家尼古拉斯·福尔克（Nicholas Falk）等人提出的高速轨道，是为具有增长潜力的中等规模城镇提供的轻轨系统（图5.5）。它利用现有线路和车站以及轻型快速列车来实现多班次运行的服务。通过连接住区，它使人们能够在不使用汽车的情况下快速到达工作地点。

高速轨道是基于这样一个事实：英国的支线往往不经常使用，留下了大量的备用运力。它们还被加速和制动缓慢的重型车辆所使用，而加速和制动较快的列车则能够提供更高频的服务。福尔克指出，高速轨道的实现有赖于公私部门的合作、交通规划师对经济发展和住房的理解，以及人们对城市设计的理解。即便如此，他仍旧乐观地认为可以实现。

图5.6是根据交通规划师雷格·哈曼（Reg Harman）的草图绘制的，它表明法国人已经意识到良好的公共交通基础设施是城市扩张的基础。

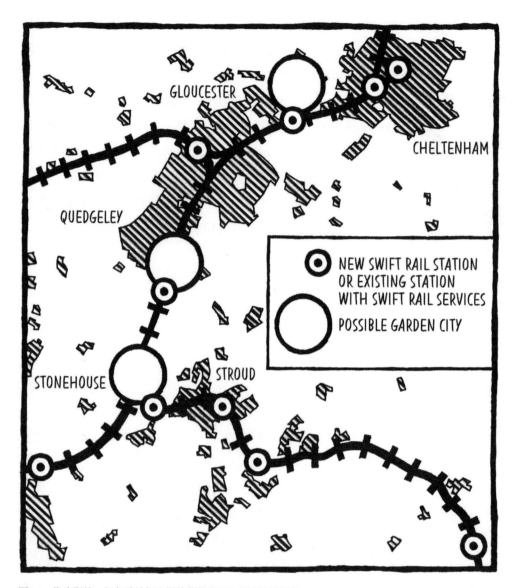

图5.5 格洛斯特、切尔滕纳姆和斯特劳德地区的高速轨道提案

收获与启示

- 将住宅项目与轻轨连接起来。
- 将交通规划和经济发展联系起来。
- 从法国城市地区汲取灵感。

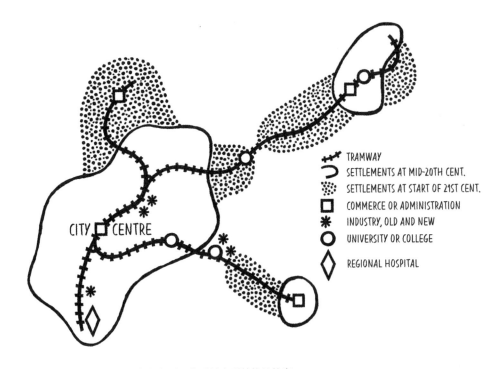

图5.6 法国城市和有轨电车的发展：典型城市群结构的轮廓

新建设用地还是棕地？

为什么棕地是棕色的？事实上并不一定是，其中许多是绿色的。棕地是曾经被开发过的地方。一般认为，我们应该选择棕地作为建设用地，以免开发全新的用地。为什么棕地是绿色的？它们在很多情况下是绿色的，因为曾被开发过，而建筑物和结构来来去去并非一直存在。例如，废弃的机场被归为棕地，但它们是绿色的：自从被废弃后，绿色植物就有了自己的位置。

像废弃机场这样的场地，它们既是绿色的，也是孤立的，因而它们很难保证可达性。废弃的为结核病或精神病患者建造的隔离医院也被归为棕地。隔离医院是孤立的，它们一直是绿色的，废弃后许多场地都变成了荒地。其他类型的棕地包括工业曾经繁荣的地方，但因为某些原因工业萧条了。青草在沥青中生长，树苗从混凝土中蓬勃生出。现在，与被单一经济作物所破坏的农村绿地不同，它们为丰富的物种提供了栖息地。

前工业用地应该作为城市绿肺而保持野生状态吗？应该把它改造成一个公园吗？或者它是好的开发用地吗？清除被污染土地的毒素的费用是浪费吗？所有这些问题的答案是：这取决于具体情况。绿地被正式归为棕地的事实并不能确定其是否是好的开发用地。

我们不应混淆新建设用地和绿带的区别。新建用地是从未开发建设过的用地，而绿带是禁止开发，或是分隔城镇的用地。我们应当在新建设用地还是棕地上开发建设？答案是都可以，只要新的开发不是丑陋、依赖汽车、消耗资源、高碳排放、缺乏场所感的。我们需要思考的是：我们能否在这里创造一个成功的场所？它能否促进生物多样性？它能否促进社会设施和混合功能？当社会、经济和环境条件发生变化时，这个地方能否适应？它是否由关心它的人设计和建造？

田园城市原则

尽管埃比尼泽·霍华德爵士的战略规划遭受了挫折[2]，他的想法却一直存在。城乡规划协会（TCPA）提倡田园城市的原则，英国政府近年来也提倡田园城市，尽管有时其建议与城乡规划协会的意图相去甚远。

城乡规划协会指出，田园城市应满足以下特征：

- 为社区利益捕获土地价值。

- 强大的愿景、领导力和社区参与。

- 集体的土地所有权和对资产的长期管理。

- 混合产权的住宅和真正负担得起的住房类型。

- 多样的本地就业机会和便利的通勤距离。

- 设计精美、富有想象力的带花园住宅，综合城市和乡村的优点以创造健康社区，并提供种植食物的机会。

- 强化自然环境的发展，提供全面的绿色基础设施网络和生物多样性的净收益，并使用零碳和节能技术以确保气候韧性。

- 在步行可达的社区内有强大的文化、娱乐和购物设施。

- 由步行、骑行和公共交通构成的完整且高度可达的交通系统。[3]

图5.7是URBED对拟建的田园城市乌克斯特的规划，它扩展了一个想象中的现有城市，反映了城市新建项目和三个城市扩展区的密度。该项目获得了2014年沃尔夫森奖。

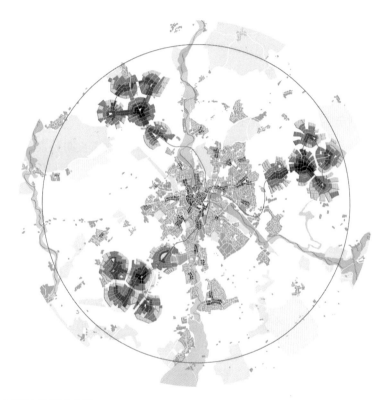

图5.7 乌克斯特田园城市方案

结语

有关战略性城市设计和规划的辩论与一百年前的情况类似，因为问题是相似的：人们需要多少空间，他们如何通行，谁来作决定，谁从土地增值中获益等。这些适用于区域范围的问题，也适用于其他场地和更广泛地区的战略城市设计的规模：总体规划和一系列相关活动。

总体规划

94%的总体规划未能实现其目标。这个数字是一个估算，但当城市设计师、规划师和建筑师被问及这个数字是否准确时，他们普遍认为是准确的。

一个总体规划失败了，通常有以下原因：

- 土地所有权或政治控制权的变化带来新的总体规划以彰显其控制权，导致旧的规划被放弃。

- 总体规划未能预测条件的变化。

- 总体规划没有以经济、法律、地方政治、法规或技术可能性作为现实基础。

- 负责编制总体规划的人没有机会具体实施。

- 期望总体规划替代公共部门的积极参与，但由于缺乏长期愿景和公众支持而失败。

- 它未能解决法定职责、法规、普通法职责、国家政府政策和指导、地方当局政策和指导、控制性详细规划、施工标准、施工设计管理条例、实践规范、资金制度、评估要求、道路安全审计、其他审计以及各种职业的价值观和实践之间的冲突。

例如，有许多标准的布局要求往往是强加的：街道的等级、连接规则（如一些公路管理部门规定，一个新的开发项目只能与一条主要道路连接）、标准的街道设计（如宽度、路口细节和树坑），以及标准的建筑设计。

但当总体规划扎根于现实时，它可以有效创建成功的场所。本章重点介绍一些良好的实践和创造性思维（图5.8）。

总体规划这一术语被广泛使用，它既可以指代方案图纸，也可以指代完整的总体规划过程，包括评估、原则和实施方案。这种缺乏明确定义的情况令人困惑，并且需要引起重视。地方机构坚持要求为特定场地编制总体规划时，开发商通常会毫不犹豫地拿出一张他们坚信是"总体规划"的图，即便它可能只是开发商或房屋建筑商的标准单元排布而已。

将"总体规划"视为一个过程是有益的，"总平面"是其中的一部分。我们可以将总体规划定义为：

图5.8 城市信息模型软件可以为总体规划提供参考，例如与小学的距离

为一个地区（可以是一个地块或场地，但通常不止一个）制定规划和设计原则（与项目的环境、社会经济影响以及三维物质形态有关）的多元合作和多学科交叉过程，并展示这些原则如何实施。

就这样一个过程而言，总体规划可以被定义为：

一个记录总体规划过程的战略性空间指导文件。

极端情况下，总体规划是一份反映想法的文件或图纸。这样的总体规划可能缺少针对特定场所深入的评估和分析［建筑师格雷厄姆·莫里森（Graham Morrison）说："我们已经厌倦了大牌建筑师拿出一份潦草的线稿说这就是总体规划，然后把发票寄过来"］。[4]这样的总体规划其目的也许是吸引潜在的开发商或买主，提升土地价值。在另一种极端情况下，总体规划可能是设计机构基于大量工作提出的关于场地开发的详细建议（可能包含设计导则，图5.9）。有些用地和地区有一系列未实施的总体规划。

总体规划经常被批评为过度限定、缺乏灵活性。然而，正如我们所见，并不

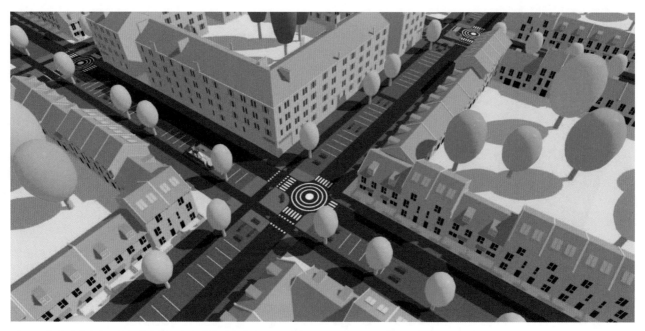

图5.9 街道设计方案，包括停车场、自行车道和街道家具的不同配置，可以通过整体城市软件进行三维显示

存在一个标准的总体规划。真实的需求是适合当时情况、能够应对社会、经济、环境和物质变化的规划和城市设计的指南。这样的文件通常包括一份1∶1250的总平面图纸，由拥有土地产权或开发权的机构提供。与所有设计导则一样，总体规划的目的是为重要的事项制定原则，而非详细规定项目应该如何设计。但是，如果总体规划确定出一个被指定为混合用途开发的区域，那么它应该展示相应的布局（例如，能够促进更大人流量的空间布局）。大多数总体规划会为开发项目提供大致的空间形式（图5.10）。

正统的总体规划（以及其他城市设计过程，如城市设计框架以及项目规划条件的制定）通常会经历以下几个阶段：

- 接受规划条件（开始）。
- 在与客户的讨论中修订规划条件（愿景）。
- 商定社区和利益相关者的参与策略。
- 评估和分析背景和条件。

图5.10 URBED设计的田园城市乌克斯特的地块规划局部，住宅密度为每公顷20~65个单元

- 制订规划和设计原则。

- 制定战略框架。

- 起草多个方案。

- 筛选最优方案。

- 细节设计。

- 规划阶段性工作、时间、资金和实施。

在开始阶段，将选择执行总体规划的团队，其成员需要掌握各种技能，应对各种情况。在愿景阶段，利益相关者、社区和团队会讨论一些重大问题，即他们希望总体规划过程能实现什么，以及为什么现在是合适的时机（图5.11）。

图5.11　萨默莱顿路的新戏剧：海报的细节强调了将成为总体规划重点的抽象议题

社区和利益相关者的参与过程需要规划，以确保合适的人和组织参与其中，并确保资源公开，让各方都能有效地作出贡献。

评估和分析通常包括场地和背景评估、政策审查，以及可行性评估。

基于评估和分析的规划和设计原则是后续详细设计工作的基础。

战略框架列出了总体规划建议的基本要素。

在总体规划过程的选择阶段，将考虑和讨论一些现实的替代方案（根据商定的标准和规划设计原则）。

此后，作出选择和相应的解释（图5.12，图5.13）。

图5.12 URBED所做的诺里奇附近的比斯顿公园规划平面，包含四个可能方案的总平面

图5.13 牛津郡齐尔西花园的备选方案，由蒂巴尔德斯规划与城市设计提供，首选方案在右下角

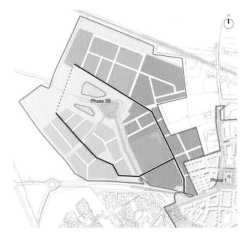

图5.14 诺斯托的阶段性方案,由蒂巴尔德斯规划与城市设计提供

总体规划的交付取决于财务安排、开发的阶段和时间、规划过程,以及法律和监管框架(图5.14)。交付也可能取决于实际进行开发或指导开发的组织所委托的总体规划过程。

成功的总体规划过程有着翔实的记录和良好的图示。它离不开合作,包括各种利益相关者,如在此地生活或工作的人、政治代表、服务提供者、潜在的开发商,或对此地抱有兴趣的人。该过程体现了由政府机关、开发机构、地方社区、业主、开发商和金融家共享的愿景。这个过程涉及多个学科,需要不同领域的专家在有效的领导下密切合作。这是一个创造的过程,离不开经验丰富的设计师(图5.15)。

制定的原则将涉及广泛的环境、社会和经济议题。它们将指导未来项目的三维空间形态,以及如何随着时间的推移而变化。总体规划为将要改变或开发的场地提供指导,而不是为任何土地所有者或机构无法控制的更广

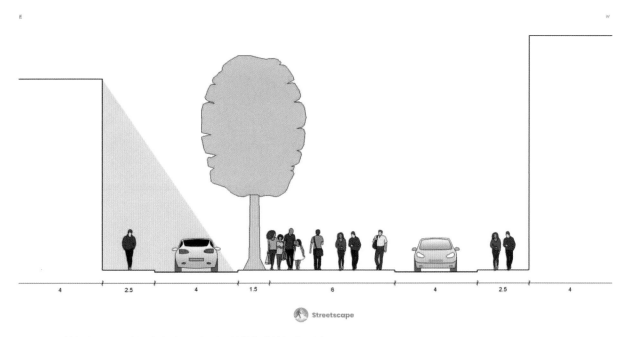

图5.15 街景等数字工具允许探索车道、人行道和其他街道特征的不同配置

泛区域提供指导。但是，分析必须涉及更广泛的范围，规划和设计原则必须展示
开发项目将如何连接和强化更大范围的区域（图5.16）。

图5.16 URBED在比斯顿公园总体规划中的平面图，显示了街道层次结构：主要街道为粉红色，次要街道为橙色和绿色，其他颜色则代表不同类型的三级街道

艾尔斯伯里山谷的概念规划

下图显示了城市提案工作室（Urban Initiative Studio）为白金汉郡艾尔斯伯里谷（Aylesbury Vale）做的总体规划中一系列概念规划。由于图片仅用于说明，因此我们省略了实际使用的平面图中至关重要的指北针、比例尺和图例。

图5.17确定了该地区的自然特征。它们塑造了既有建设，并为新的开发提供了建议。没有什么比理解地形（地面或其上的人工或自然特征的排列）和自然排水更重要的了。

图5.18展示了绿色基础设施网络的方案。它由自然和半自然要素构成，包括公园、河流、林地、绿色廊道、生态系统、行道树、私人花园和绿色屋顶。

图5.19展示了蓝色基础设施网络的方案：与水有关的要素，如池塘、河流、运河和排水系统。

图5.20展示了交通网络方案，显示了将新开发项目连接到火车站、学校和其他目的地的路线。网络的设计将影响人们对步行和驾车的选择。

图5.21展示了交通网络将如何容纳公共交通，包括公交车站的位置以及人们的步行距离。

图5.22展示了开发阶段的划分，以及它们与交通网络和绿地的关系。

图5.23展示了街道和空间的结构方案，包括建筑临街面、边缘街区、绿色空间和各种类型的街道。

图5.24展示了拟建开发项目将如何回应城镇景观和遗产，包括突出有价值的建筑和特色，以及场地对内和对外的景观视线。

图5.25展示了功能混合。随着时间的推移，更多类型的用途将成为可能：该方案允许随着地区的发展而提供相应用途。

图5.26展示了为减少人们的步行距离，越靠近公共交通路线的区域，密度越高。

图5.27展示了有助于人们寻路的要素，包括视线、远景和著名的建筑。

图5.17 识别自然特征

图5.18 建立绿色基础设施网络

图5.19 整合蓝色基础设施

图5.20 建立清晰的交通网络

图5.21 提供公共交通

图5.22 未来开发阶段的计划

图5.23　街道和空间的结构

图5.24　回应城镇景观和遗产

图5.25　提供混合用途

图5.26　根据可达性提高密度

图5.27　设计以创造易明的场所

自然资本

最近提出的"自然资本方法"有益于总体规划[5]，它侧重于一系列"生态系统——支撑服务"（如水循环、休闲、食物和水的供给，以及空气和水的净化），来打造成功的场所，促进经济活动，提高气候韧性、健康和福祉。建筑与建成环境委员会（CABE）前首席执行官理查德·西蒙斯（Richard Simmons）建议通过构想"建成环境系统服务"来呼应自然资本方法。[6]

它能为评估建筑环境变化的影响提供框架，并更充分地评价其对福祉、幸福感、效率和环境的贡献（图5.28）。

图5.28 蒂巴尔德斯规划和城市设计公司的景观连接规划

建成环境系统服务包括：

- 生活、工作和休闲的场所。

- 经济活动、劳动、思想和知识的汇聚点和交流场所。

- 通过高密度的交通和信息通信技术实现高效连接。

- 信息，包括由场所形态和建筑风格传达的信息。

- 文化、民族和地方认同感。

- 休闲。

- 审美愉悦和艺术表达。

- 韧性，适应经济和社会变化。

- 从开发、更换和服务建成环境的过程中直接获得经济效益。

- 使生态系统服务在城市环境中更好地发挥作用的机会。

- 基础设施，包括排水系统、公共设施、废物管理、能源供应、有线和无线通信、墓地和火葬场。

- 公民权益，对生活在城镇的个人和集体的身份以及团结都有益。

对建成环境的干预，有三个问题：

- 这一行动将如何改善这些服务的提供？

- 谁会从这些变化中受益，或者受害？

- 这些变化将对更大范围的生态系统服务产生什么影响？

这是开展总体规划的一种有用方式，它建立在建成环境是一个基本的生命支持系统的理解之上。

战略和空间

由于"总体规划"是一个令人困惑的术语（其过往的内涵是有人负责、由人规划），许多城市设计师采用一些替代术语，如"战略区域发展概要"或"空间规划框架"。艾莱斯泰尔·布莱斯（Alastair Blyth）和约翰·沃辛顿（John Worthington）[7]将其内涵确定为：

- 基础设施框架，反映景观、道路和路线的结构，需保留的现有自然与建筑形式，开发区，体量、肌理及其与街道的关系，以及地标建筑的选址。

- 战略开发计划表，反映开发时序而非固定的时间线，确定需要实施的项目以保证其他地区能够跟进，对此地发展有重要意义的项目，以及不紧急的项目。

- 里程碑事件的计划表，以及项目生命周期的临时使用，包括未来可新建建筑的临时装置。

- 最终方案的意象（几乎可以肯定的是，实际结果将与方案本身有所出入）。这是一面可以团结不同团队的旗帜，它可以随着时间的推移进行适当的调整。

简而言之，框架的目的在于确定基本的基础设施、灵活的开发时序，以及鼓舞人心的意象，而非提出一个缺乏适应性的总体规划。

总体规划的多样性

贝辛斯托克的旧城规划

城市提案工作室为贝辛斯托克的上城地区（旧城区）制定的方案，包括一份"概念总体规划"，并重新定义了该地区在更大范围城镇中心的作用。该规划并未提出一个明确的最终状态，而是提出了一系列渐进式的行动——从提升公共空间以提高土地价值、改善连通性的微更新，到街墙的塑造。这些项目包括推广和推销城镇中心，大型活动和临时使用，振兴市场，改善店面、公共空间、停车、通

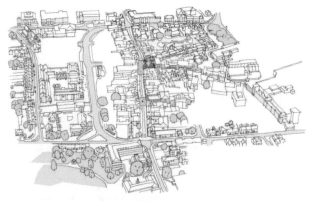

图5.29　贝辛斯托克城上城地区的现有情况

道和标识系统，以及建设用地的开发。团队提供了一系列图纸，以说明该地区随时间将如何发展变化，部分图纸如下。图5.29刻画了现有情况。上城地区是一个富有吸引力且肌理精美的区域。然而，随着战后贝辛斯托克的发展，这些大型购物中心已经被边缘化。

图5.30展示了第一步：修建一个临时停车场并复兴一条商业街。这个概念性的总体规划展示了一系列灵活的步骤，而非一个固定的最终状态。

图5.31展示了一条林荫大道和一系列相互连通的开发项目。此处未呈现的其他规划项目，展示了开发过程的可能阶段。实现什么样的目标、何时实现，取决于一些无法预测的事件。成功的关键是规划的灵活性。

安格利亚广场，诺维奇

安格利亚广场是一个1960年代的购物和办公区，位于诺维奇市中心的北部。它的零售服务很弱，且许多建筑都是闲置的。目前对安格利亚广场的重建方案包括一个新的购物中心，1250栋6~12层的住宅，1500个停车位，以及中心一栋20层的高层建筑。

英格兰历史建筑和古迹委员会否定了该方案，并委托阿什·萨库拉建筑事务所（Ash Sakula Architects）重新制定方案，以使安格利亚广场的重建能够增益其周边区域和诺维奇的历史城市景观。新方案的出发点是该地区1885年的地图，它反映了自中世纪以来的街道模式，该模式几个世纪以来鲜有变化，直到

图5.30 修建一个临时停车场，复兴一条商业街

图5.31 一条林荫大道和一系列相互连通的开发项目

1960年代安格利亚广场和城市环路的建设。建筑师们认为原有的道路规划在今天依旧有效，并将其作为方案布局的基础（图5.32）。新的街道网络关注了汽车、服务、货运车辆以及紧急服务的渗透性。人们可以在住宅附近卸货，但不能长时间停车。

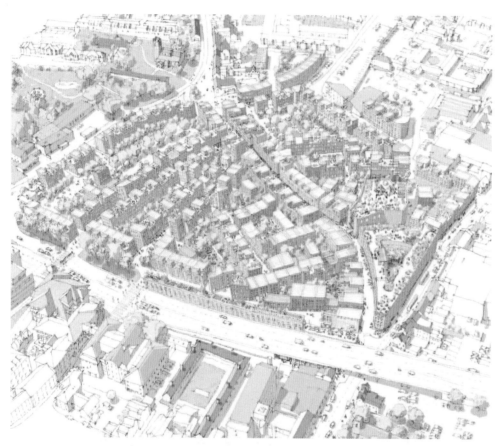

图5.32　安格利亚广场的鸟瞰图

　　所有的住宅都是双向通透的，并且每一户都有一个小花园或是大的屋顶露台。除了少量五层塔式住宅，大部分建筑为三层的联排别墅和四层的叠拼别墅，从而创造了一种与诺维奇传统建筑风貌和谐的街道景观。每栋住宅都有沿街的出入口。由于没有公摊部分、电梯、共用楼梯、阳台或走廊，建造成本和服务费相对较低。

马林斯，纽卡斯尔

阿什·萨库拉建筑事务所与伊格鲁更新公司合作，在纽卡斯尔前马林斯陶器的遗址上规划了一个包含76栋住宅的新社区。图5.33是该方案的模型。该地块位于乌斯本河（River Ouseburn）岸边一个陡峭的工业谷地旧址。这家公司参与到乌斯本谷地未来项目已有10年之久，除正式的咨询和合作外，在酒吧、街道和居民家中开展了数百次访谈——他们称之为"有意的闲逛"。新的街道顺着山谷的等高线向河边延伸，连接到周围的居民区。人们原以为建筑师会通过布置公寓来实现合理的高密度，然而他们选择了带有沿街出入口的低层住宅，并且其数量也超出了预期。最终形成一个由低层住宅和街道组成的住区，并有着景色多变的空间序列。其简洁的砖墙建筑和包含低调细节的窗户，沿着河岸转折，避免了直接重复。

该方案包含了传统的联排住宅、庭院住宅、背靠背住宅和6层塔楼，以及一种本地泰恩赛德公寓的变体，即叠拼的复式楼。每栋住宅都各不相同，且都有临

图5.33 马林斯的模型

街的出入口、小花园或大的屋顶露台。户外空间包括有助于促进人们非正式交往的公摊部分、自行车库和垃圾回收处。三层住宅临街设置一个出入口，包含一个单人住宅。四层住宅有两个临街出入口，联排住宅和叠拼有各自的出入口，没有电梯、廊道和公共楼梯间。

因霍尔姆，诺斯托

普罗克特和马修斯建筑事务所（Proctor and Matthews Architects）为剑桥郡诺斯托新建区域的因霍尔姆作了总体规划，这是自米尔顿·凯恩斯以来英格兰最大的城镇（图5.34）。因霍尔姆（这个名字取自丹麦语，意思是"沼泽中的岛屿"）的设计灵感源于该地丰富的考古发现，它提供了早期沼泽地定居点的证据。土著的村落通常设置在高地上，并由防御性边界来界定。

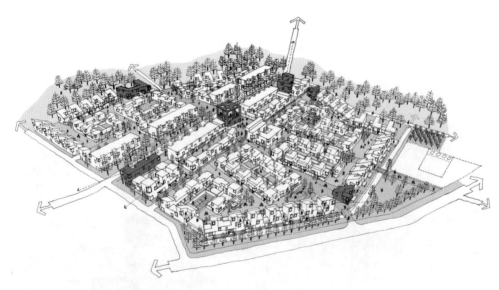

图5.34　因霍尔姆的概念草图

图5.35是一种被称为"边缘住宅"的因霍尔姆住宅类型。这些建筑形成了居住区的围墙，其轮廓错落有致，界定了外部边缘景观和内部街景。尽管住宅是通过模块式装配技术建造的，但它的表皮和结构都反映了剑桥郡和沼泽地区的传统、建筑和艺术。诺斯托的考古发现，为方案提供灵感，使用了砖拱和大门的形

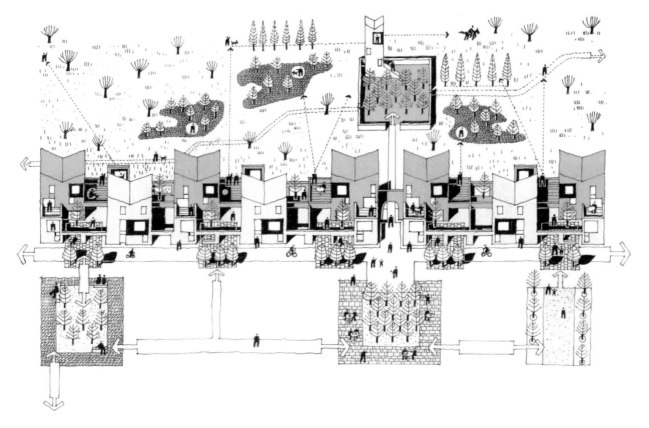

图5.35　位于诺斯托的因霍尔姆的"边缘住宅"

式。停车场、垃圾存放处和自行车存放处（按每个床位一个自行车停车位配置）安排在建筑中，解放了公共空间，使行人、儿童游乐和骑自行车的人获得优先权。

普利茅斯炮台

LHC设计公司为炮台设计了总体规划，它原来是1950年代普利茅斯一个严重贫困的公共住房区域。地块俯瞰塔玛河，地形陡峭，下方是一个十分脏乱的海滩，被一座军事桥梁所覆盖（图5.36）。狭长的地块被夹在高高的船坞墙之间，下方是一条历史悠久的隧道（上方不能修建）。这样的限制本可以是平庸设计的借口，但这里有良好的街道网络（图5.37）和可供出售、出租和公共产权的住宅。围绕中心广场的布局受到了乔治亚时代城镇规划的启发（图5.38）。

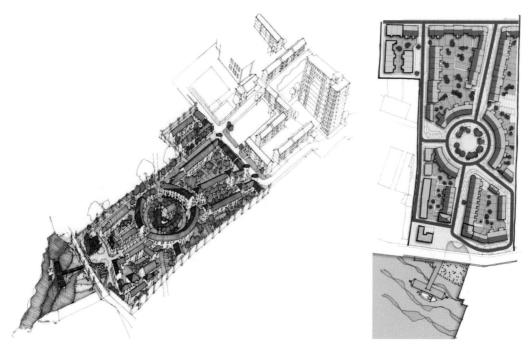

图5.36 炮台项目的早期方案版本

图5.37 连续的街道布局

图5.38 受到乔治亚时代城镇规划启发的中心广场

街道的路面平坦，车辆限速12英里/小时：曲折的道路在允许车辆通行的同时能够降低车速。中央大道的停车位呈45°角，分布在中央广场周围和入口道路一侧。为充分利用滨水景观，许多房屋都有凸窗，居民可以看到街道和水面的景色（图5.39）。从原有街道上回收的传统花岗石不够平整，难以满足步行、骑车和轮椅的需求，因而用于停车位的铺装。倾斜的街道和住宅的入口由台阶和缓坡连接。图5.40展示了连续而活跃的街道立面。

图5.39 从凸窗看到的越过坡地屋顶的视线和远景

设计规范

尽管设计规范尚缺乏共识，但在目前的项目设计中正在流行。设计规范的范围很广，从简单的设计原则到详细、精确的规范。对于较大的场地而言，设计规范已经要求了很多年，但成效不一。

2021年，政府提议英格兰的地方当局应根据特征分析和一系列区域类型，编制权威、区域和特定地点的设计规范。

成功的设计规范要点包括：

- 编写规范的技巧。
- 促进公共参与的足够技巧和时间。
- 彻底评估本地环境。
- 编制设计规范的创造性过程。
- 项目方案的设计审查。
- 有效的监控和执行。

可能设计规范不包含上述要素，但却是标准、数字化和机器可读的。这些准则既不能回应场所，也不能回应地方社区的要求。

设计规范并不新鲜。在1666年的大火之后，设计规范控制了伦敦、乔治亚时代的巴斯和爱丁堡的发展。它们也并不都叫"设计规范"，有很多控制开发的导则都起到了设计规范的作用，例如公路管理局制定的公路标准，这些标准在执行时往往很少考虑当地的情况，且常常表现出汽车主导的态度（《街道手册》[8]对此作了调整，但很少有地方当局注意到这一点）。有效的设计规范需要全面考虑所

图5.40 连续而活跃的临街立面（粗线标注的历史建筑作了保留）

有塑造开发的机制（图5.41）。

许多设计规范都是总体规划的结果，为设计的二维和三维元素制定了更详细的规则和说明（图5.42）。

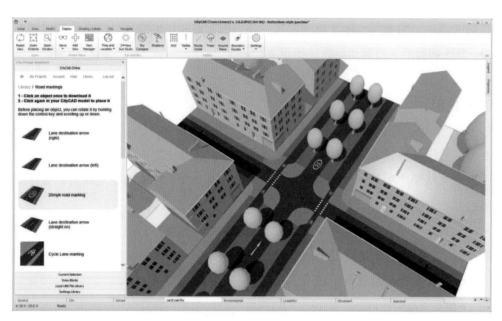

图5.41　城市设计软件可以构建设计规范中描述的街道类型和十字路口的数据库

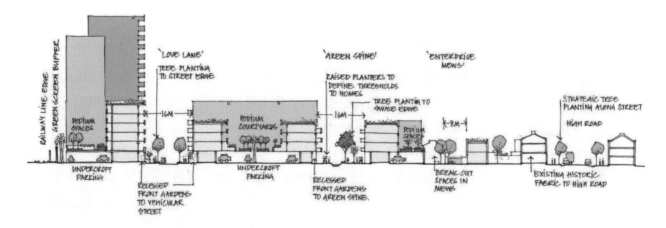

图5.42　莱维特·伯恩斯坦（Levitt Bernstein）在托特纳姆部分地区设计规范中的一个剖面，规定了控制街区结构的最小街道尺寸，并展示了街道的运转

设计规范在以下情况中的价值尤为突出：

• 将分阶段开发的大型场地（或一系列小型场地）。

• 场地的产权关系复杂，需要协调时。

• 多个开发人员或设计团队参与的场地。

设计规范有助于不同的人和组织达成一致。编制设计规范的过程能够帮助他们找到共同点，并以开发人员易于理解的书面和图示形式记录其结论（图5.43，图5.44）。

图5.43　Wing设计规范，场地位于剑桥，图示展示了建筑必须占据街区的边角。该规范展示了如何布置建筑入口、私密地带、车行道、人行道、共用路面、抬升的地面和停车场来设计交叉口

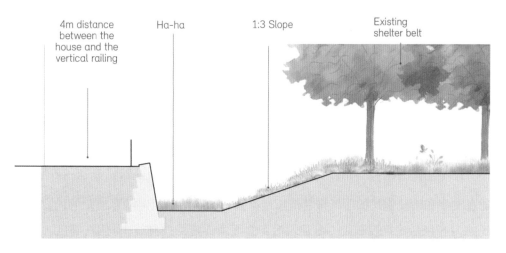

图5.44　Wing设计规范通过剖面展示了如何通过修建"哈哈"使地表排水与景观融为一体

在某些情况下，地方当局或土地所有者也许会在批准规划纲要之前，为将要开发的地区量身定制一个"协调守则"（在地方社区的参与下），而更为详细的规范将在临近开发的时候制定。二维的"管理规划"将指出不同的地块分别应遵守哪些规范。在出售地块、鼓励业主委托项目或购置房产时可以使用"地块护照"。

设计规范可以是规划申请的一部分，或规划纲要或详细规划许可的附件。规划纲要许可可以要求申请人提交相应开发地块的设计规范或开发时序计划，并规定设计规范必须包含的内容，以及编制要求。

协议对地块未来所有的业主都有约束力，也可以用于设计规范定稿，就如开发协议可用于约束第三方。与规划条件和义务不同，协议的生效和执行是土地所有者的责任。

与总体规划一样，许多设计规范未被实施或执行。有些规范相当冗长，以确保获得规划许可的开发项目会有很高的设计水准。随后，申请详细规划许可的开发商可能会被告知规划条件已经发生了变化，设计规范已经失效了。规划师可能会被说服，而当初编制规范的顾问或城市设计师早已离职，当初的规划目标已被淡忘。

需建立相应程序来确保设计规范得到有效的监督和执行，包括保留规范的设计者，或任命专员来监督遵守情况。这可以由私人资助。定期评估和修正的过程可以写进规范，或纳入编制过程。

优秀的设计规范离不开社区和利益相关者的大量合作，以及对适合特定地方项目的创造性思考。这样的规范明确并简化了监管过程，减少了不确定性。规范的内容取决于具体情况。规范可以对建筑风格作出规定，但大部分规范主要关注城市设计的内容，如建筑高度、建筑轮廓和街道类型，而将建筑风格留给设计师（图5.45）。

优秀的规范编制过程包括街道、空间和建筑设计，提炼出相关的设计要点，通过文字和带比例尺的图纸将其清晰地呈现。必须明确规定需要细化的内容，常规的内容包括建筑控制线（由建筑沿街立面所界定的控制线），建筑高度，街道的类型、宽度和比例，立面比例，公共空间和边界（图5.46）。重要的是要考虑如

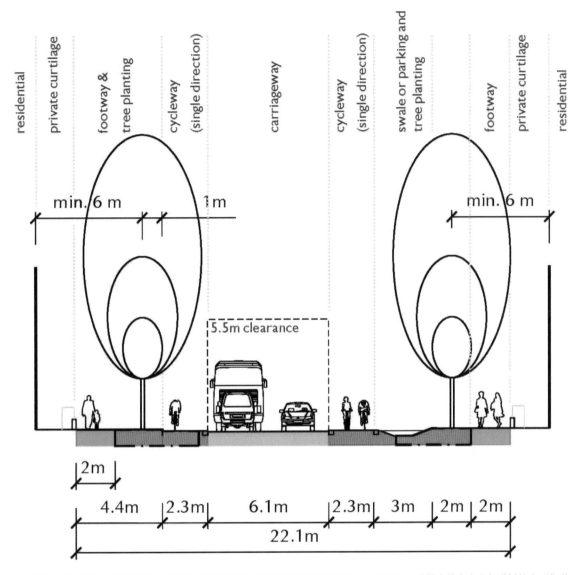

图5.45　由蒂巴尔德斯规划和城市设计公司设计的诺斯托第二阶段的设计规范部分，展示的是一种带有排水沟和行道树的主要街道

何通过可能在这里建设的开发商和他们可能使用的现代技术来实现所期望的发展质量（可能受到当地乡土先例的启发）。

183

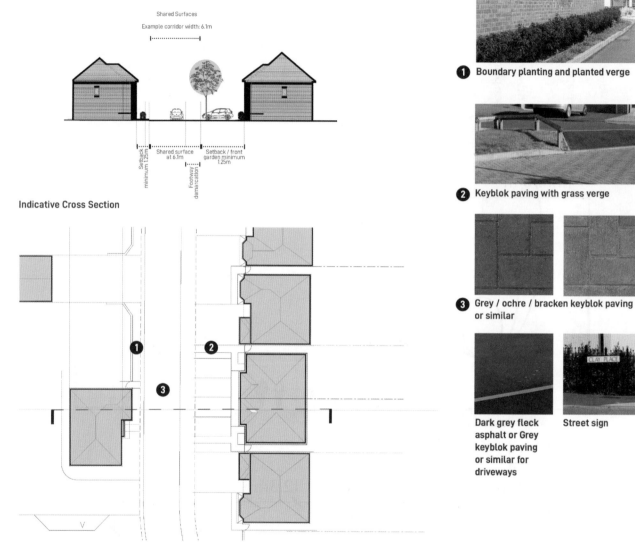

图5.46 都铎托儿所的设计规范，场地位于埃塞克斯郡高夫斯橡树，展示了如何设计共享街道

设计和检验一份规范的过程可能包括：

- 确定规范的主要目标，以及它应该涵盖哪些要素。

- 确定哪些内容是强制性的，哪些是自由裁量的，以及规定性和灵活性之间的平衡。

- 考虑影响设计的各种管理制度的影响。

- 确保该规范对采用的施工技术和相应资源是适宜的。

- 以图文并茂的方式使规范易于理解。

- 对规范进行检验，以确保其能按预期运行。

　　设计规范通常用于大规模的开发项目，但它们也可用于指导小尺度、自建或自购的项目。地方机构也许会采用适用于多种建筑类型的规范，对建筑形式作出规定。设计规范可以作为规划文件的补充材料，或住区规划、住区开发或建设时序（图5.47）。

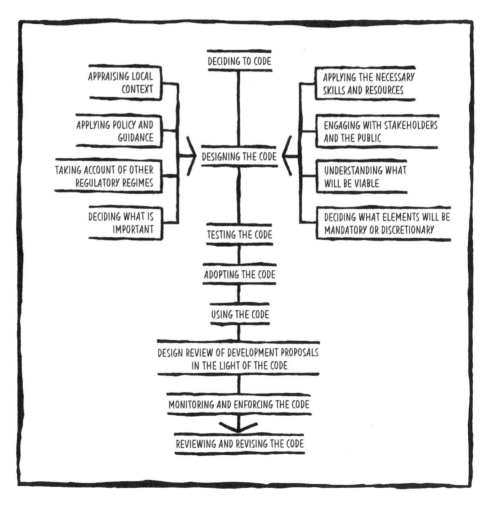

图5.47　编制设计规范的可能过程

设计规范的编制有赖于对城市设计要素的理解。例如，图5.48展示了建筑设计如何回应不同的街道级别：一级、二级、三级街道和小巷。罗杰·埃文斯指出，主要的沿街立面应位于级别更高的街道，而次级立面则应位于级别更低的街道上。这一原则表明，在塑造公共空间方面，街道比街区更为重要，因为建筑立面界定了公共空间。

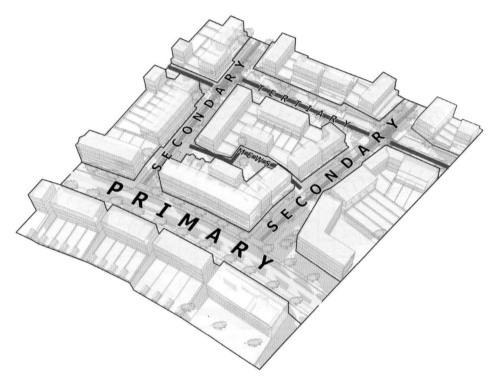

图5.48　建筑物的沿街立面设计应与街道的重要性相联系

激进的渐进主义

鉴于传统规划和总体规划的不足，城市设计师需要思考新的工作方式。凯尔文·坎贝尔（Kelvin Campbell）长期经营一家大型城市设计咨询公司，他对总体规划与开发建设之间的矛盾感到沮丧。"这不仅仅是总体规划的问题，"他总结道，"我们目前采用的规划、设计和建造城市街区的系统注定是要失败的。三代

图5.49 简言之，大规模的小尺度更新

以来，世界各地的政府都试图通过僵化的、自上而下的行动来规范和控制城市的发展。很多地方的总体规划都未能实现，住房处于危机之中，环境受到威胁，城市贫民的贫困不断加深"。[9] 坎贝尔开始相信，如果小尺度的渐进更新不被当前政府和行政系统遏制，它们能够在很大程度上改变城市社会。他的《大规模开展小尺度更新》和《激进的渐进更新主义者》[10]提出了解放这种潜力的新方法（图5.49）。

关键是要突破旨在呈现最终理想状态的传统总体规划，找到能够促进人们积极行动以带来新的城市特色的方法。这个过程将使各种各样的人和组织通过小尺度更新来开发该区域，而不是依赖于少数的开发商实施大规模的开发。毕竟，在20世纪下半叶之前，许多城市都是这样发展的。爱丁堡新城（图5.50）就是一个例子：它复杂的网络既有规则的连接，也有着审慎规划以反映当时社会阶级的街巷系统。[11]柏林和巴西的城市设计师，以及美国的"极简城市主义者"[12]，重新提出了渐进更新的理论。

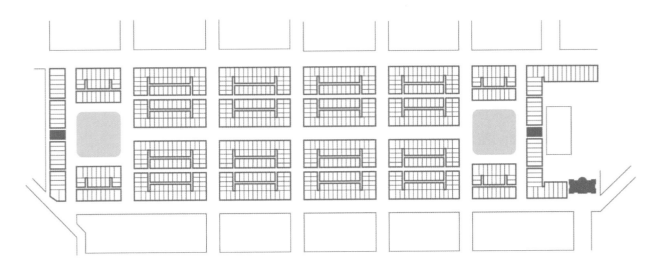

图5.50 爱丁堡新城区的复杂网络

"大规模小尺度更新"（Massive Small）使用15m的标准模块，将开发用地划分为细小的地块。这些模块可以进一步划分为2块、3块或4块，或是两两合并后划分为5个由共用隔墙分隔的小地块。加上建筑的高度，这些地块划分确定了建筑轮廓线，由此界定了每个单元的体量。

15m宽的地块允许以下调整：

- 一个地块服务于单个或集体功能，例如住宅，或集体产权公寓。[*]
- 一个地块被分割成四个3.75m、三个5m或两个5.5m的地块，形成窄立面开发。
- 两个地块连在一起，形成三个10m或五个6m的地块，或作为一个整体形成更大的地块，用于公寓或院落建筑等项目。
- 在一个或两个地块组合的宽度范围内使用多种尺寸。

Localia是采用"大规模小尺度更新"的方法，基于15m宽的地块进行构想的假想城市街区。它会由地方机构设立的住区授权机构负责，该机构的工作内容并非建筑施工，而是通过提供必要的启动条件来激发住宅的潜力。在设想中，住区主要服务于三类社会经济群体，第一类是有着稳定工作的中低收入者，他们有能力筹集有限的贷款。他们可以通过各种渠道购买土地和建成的住宅，或者采用自建的形式。本地的承包商基于地块尺寸开发出一系列住宅类型。第二类是打零工的低收入者，他们可以从当地的储蓄所、社会住房保障金或小型启动贷款筹集资金，通过合作住房计划、社会住宅或启动住宅寻求住所。随着交易开始，建筑将越来越混合。

最后，还有一些人靠着零星的收入生活在贫困边缘。在世界的某些地方，他们可能从建造棚屋开始，随着时间和经济条件的允许而逐渐改善。住区授权机构提供技术援助，以确保达到基本标准。即便在英国的城市，他们也可能从最基本的住所开始建造。近年来，伦敦的后花园里建造了数以千计的棚屋，为那些毫无购房能力的人提供拥挤、不健康且存在火灾隐患的住宅。Localia可以为他们提供一个机会，让他们生活在有望改善、假以时日能够将非正式住宅区城市化的地方。

---

[*] 住宅业主团体（其住宅所有权属于全体住户）

Localia是基于这样的认识：世界上的一些棚户区在若干年后成为体面的城市场所，而其他棚户区仍然混乱、肮脏且危险。差异源于起始条件。图5.51显示了一个由街道、地块、沐浴台和共用墙组成的区域，墙体还为建筑提供了稳定的建筑结构，并防止火灾蔓延。图5.52显示的是后期阶段，该地区已经发展成为一个城市住区。图5.53显示的是由规则街区组成的网格状格局，该格局通过降级次级街道来形成一个大型内部公共空间的规则街区。图5.54显示了发展的早期阶段，图5.55展示的是该地区演变为一个功能齐全的住区。

图5.51　基本情况：一个有街道、地块、沐浴台和共用墙的区域

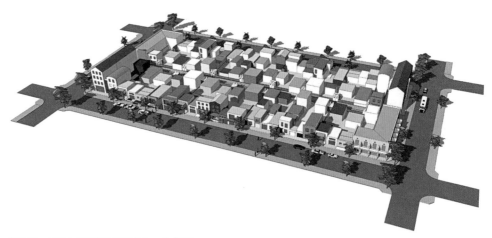

图5.52　该地区已开始发展成为一个住区

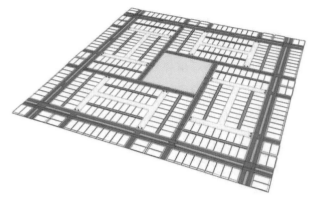

图5.53 通过降低次级街道等级，形成的规则街区的网格模式

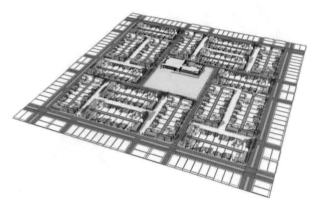

图5.54 发展的早期阶段

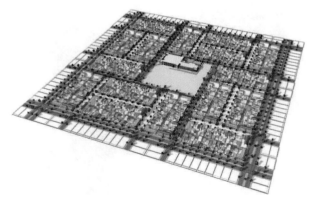

图5.55 一个功能齐全的住区

提高郊区的开发强度

居住区选址往往会成为一个激烈的政治议题，在这种情况下，密度相对低的郊区被认为是潜在的选项。现有居民也许不认可这一愿景，但他们可能会因扩建而受益。失败的总体规划方法与19世纪和20世纪初的渐进式开发的对比，激发设计师提出了许多提高郊区开发强度的策略。由建筑师波拉德·托马斯·爱德华兹（Pollard Thomas Edwards）在2015年提出的"半许可式"，可以通过量身定制的开发权以及鼓励业主成为小型开发商来实现。Superbia是HTA设计公司在2014年专门为伦敦外围的75万私人拥有的半独立式住宅而设计的。它设想使用"地块护照"，该文件为特定区域的房主列出了重建选项清单，允许他们扩展或重建他们的房产。

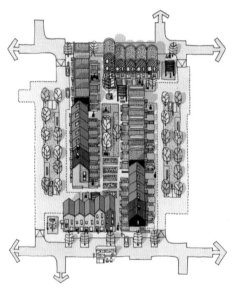

图5.56　"Engie"家园旨在作为新郊区的一个可适应的基本构件

大都会工作室为郊区环境设计了一个可重复的发展框架，称为"家园"（图5.56）。[13]大都会工作室说，传统的郊区住房项目倾向于最大化私人空间，在道路布局混乱低效、难以支撑步行、骑行或公共交通的地方，提供大型的独立和半独立住宅。"家园"目的是作为新型郊区的基本单元——相当于一个小型城市街区，或乔治亚、维多利亚和爱德华时代城镇的传统街道。它围绕共享的绿色空间提供了多种住宅类型，有时还会提供较小的广场和庭院，以提供社交机会。汽车被布置到边缘区域。相对于密度约为20户/hm^{2}的传统郊区住区，"家园"允许较高的密度（可能高达75户/hm^2，或者在停车空间宽裕的情况下超过100户/hm^2）。在一个由几个"家园"组成的大型项目中，每个"家园"都可以有自己的特色景观和开放空间，如花园、草地或生产性用地。

百里城市

建筑师彼得·巴伯（Peter Barber）提出了一种从外到内强化城市郊区的激进方式。他提出的伦敦周围的百里城市（图5.57）将是一个以街道为核心、长100英里（160km）、宽200m、高4层的线性城市：由高速单轨列车将松散的尽端和繁忙

图5.57 彼得·巴伯百里城市的一个住区

的伦敦交通系统与高密度高强度的边缘区域连接起来。随着时间的推移，百里城市将向内发展，"蔓延到浪费、反社会、交通拥堵的郊区"，巴伯说。

快速路的稳静化

管理变化的方法既适用于路线，也适用于场所。一条快速路（目前是一条主干道）可以通过城市设计来实现稳静化，而不需要借助于标志（图5.58～图5.62）。这个概念源于罗杰·埃文斯与TRL（交通研究实验室）为公路局所作的研究项目。最后，乡村高速公路已经成为一条可供步行者、骑行者和驾驶者使用，安全且令人愉悦的商业街。贯通的交通为住区带来了活力，并有助于新中心的发展。

图5.58 现有的乡村快速路被列为"主干道"

图5.59 引入行道树和街道两侧的新建项目。原本只是一条通途的道路开始成为一个场所

图5.60 通过将部分建筑放在车道后侧，创造视觉上的"门户"，营造一种封闭感

图5.61 压缩街道，修建人行道。活跃的建筑边缘确保街道的人气

图5.62 十字路口设置交通灯和小尺度地标建筑。这个地方开始变得与众不同，街道也易于穿行

为采光、日照和风环境而设计

采光、日照和风环境会影响建筑和空间的宜人性，而设计可以在许多其他重要方面影响环境。图5.63～图5.70，特温可持续设计的克里斯·特温（Chris Twinn）展示了城市设计师需要理解的要点。

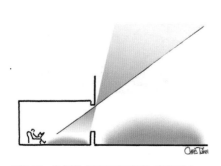

图5.63 良好的采光使房间更加实用宜人

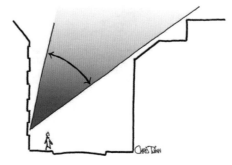

图5.64 降低相邻外墙的高度或将其后移，可以改善建筑的采光

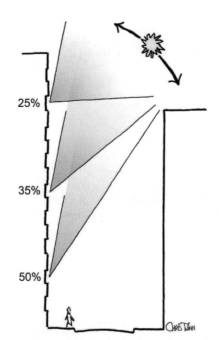

图5.65 在这个典型的外墙上，考虑到周边建筑的体量，建筑顶部的开窗面积相对较小，这样既可以降低过热的风险，又能够保证充足的自然采光

图5.66 公共空间的相对宽度和周围建筑的高度会影响日照，从而影响公共空间的使用

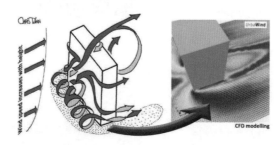

图5.67 当建筑变得更高、更宽时，更多的风会集中在缝隙和边缘处

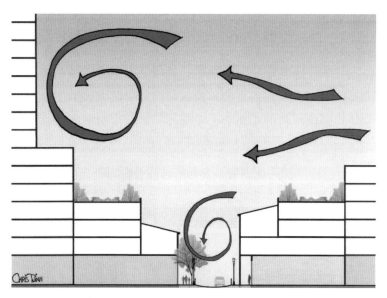

图5.68　这样的建筑设计有助于将污染物从街道上冲走，同时为行人遮挡过于强烈的气流

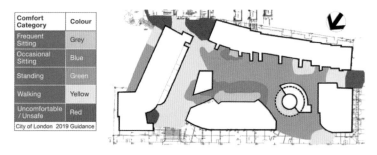

图5.69　基于伦敦市指南的风力评估。灰色区域适宜久坐，蓝色区域适宜偶尔坐憩，绿色区域适合站立或行走，而红色区域中的步行者将感到不适且缺乏安全感。测试不同的潜在条件很重要，因为场地可能位于各种环境中

图5.70　左图中，白天被直射阳光加热的建筑在晚上释放出热量，加剧城市热岛效应。右图中，建筑物及其周围的设计减少了这种情况

理解密度

密度是城市设计中最常见、也最令人困惑的概念之一。高、中、低密度意味着什么？什么是最好的？像城市设计中的大多数事情一样，包括需要多少开发量，确保所建的东西适合于此处，并且提供基础设施、就业机会和服务设施（图5.71）。

开发密度和其他因素结合起来，能够在以下方面产生影响：

- 公共交通服务的可行性。
- 建筑物和交通的能源使用。
- 温室气体排放。
- 零售和其他设施的可行性。
- 身心健康。
- 社交和隔离。
- 生物多样性。
- 绿地面积。
- 安全和安保。
- 发展带来的经济回报。

密度是建筑单体或建筑群的体量或面积、单元的数量、人口数量等与土地面积的关系，并不能反映或预测一个项目的规模。例如，一个方案可以是高层低密度，也可以是低层高密度，这取决于它在场地的排布方式。截然不同的开发模式可以产生同样的密度。

图5.71 低层高密度

不同的从业者以不同的方式测量密度。净密度和毛密度有时会造成误解。例如，净居住密度的计算包含住宅用地和周围道路的面积，以及毗邻的小型开放空间、商店和社区设施等。净密度也许不包含相邻的道路，其尺寸可能从内部或外部测量。毛密度的计算则通常涵盖住宅面积和学校、公园、道路和其他居住配套设施的面积。但究竟应当包含哪些内容值得商榷，判断标准将对结果产生重大影响。因此，在任何情况下，密度的计算方式和原则都很重要。

在商业项目中，密度通常用容积率（plot ratio）表示，是建筑面积与场地面积之比（总建筑面积除以净场地面积）。例如，5∶1的容积率意味着总建筑面积是场地面积的5倍，这可能是一栋占据整个场地的5层建筑，或一栋占据一半场地的10层建筑，或是其他占地面积和层数的组合。这也被称为场地比率（site ratio）、地块比率（parcel ratio）或容积率（floor-area ratio）。

在住宅项目中，密度通常用每公顷的可住用房或住宅来表示。每公顷的可住用房指的是一栋住宅中用于居住的房间数量（不包括厨房、浴室和厕所）除以总的用地面积，这种计算方式能够反映一个区域的开发强度。另外，住宅的密度基于室内的可住面积，不包含厨房、储藏室、公用设施和交通空间，它更适用于开放式的住宅布局。

其他计算密度的方式包括场地覆盖率加上楼层数或是建筑高度。

相对较新的术语，"温和的密度"，指的是在不造成恶劣影响的情况下提高密度的开发方式。至于什么是"可接受的"，在任何情况下都是一个观念问题。

雷切尔·库珀（Rachel Cooper）和克里斯托弗·博伊科（Christopher T. Boyko）询问了大量建成环境方面的专业人士关于居住密度高低的判断标准。[14]平均而言，低中高密度分别约为23户/hm²、44户/hm²和79户/hm²。但实际的情况非常复杂，密度的评判标准尚无共识。只要我们因地制宜、充分讨论，这倒并不一定会成为一个问题。

大卫·鲁德林（David Rudlin）注意到，实际的或建议的住房密度范围很广[15]，并举出了大量实例：20人/hm²（赫特福德郡的独立住房）、100人/hm²（他认为这是支持公共汽车服务的最低密度）、120人/hm²［雷蒙德·昂温（Raymond Unwin）在1912年的《百害而无一益的拥挤》中的建议值］、240人/hm²（支持有轨电车服务的最低密度）、247人/hm²［帕特里克·阿伯克龙比（Patrick Abercrombie）在1944年大伦敦计划中定义为中高密度］、320人/hm²（赫特福德郡的维多利亚式和爱德华式排屋）、336人和494人/hm²（阿伯克龙比在1944年分别定义为中密度和高密度）、600人/hm²（1930年代曼彻斯特休姆的排屋）、1000人/hm²（1970年代新加坡的规划密度）和5000人/hm²（中国香港九龙的实际密度）。

《埃塞克斯住宅区设计指南》（*Essex Design for Residential Area*）[16]讨论了所谓

的"可持续发展"的密度，它指的是在城市或住区中心的步行距离内布置一个足够规模且紧凑的住宅和商业区。该指南估计，一个典型的社区至少应有5000人，才能支撑一条公交线路、各种商店和服务，并吸引其他商业投资。这需要一个平均密度至少为65户/hm²的街区。它认为，住区中心（或城镇中心或交通廊道）的密度会更高，而更远的地方密度更低。密度的确定将取决于设计的内容，以及当地的环境，而并不取决于放之四海皆准的正确密度等抽象概念，需要一系列的开发类型和密度来支持各种生活和工作环境。开发密度相对较高的地区需要有当地的商店、绿地和学校等设施（现有的或在适当时候提供的）。在较大的开发项目中（50hm²或以上），《埃塞克斯住宅区设计指南》坚持认为，这些设施必须在新社区开发之初就到位。

《埃塞克斯住宅区设计指南》指出，开发商需要达到规定的最低密度，又需要满足功能混合，二者之间可能存在冲突。这可以通过在密度计算中考虑混合用途建筑中的非住宅用途所占空间来解决。指南建议每栋住宅的非居住面积指标为75m²（唯一应计入密度计算的非居住空间是包括居住功能的混合用途建筑内的空间）。

该指南就此举了一个计算实例（图5.72）：

```
SAMPLE CALCULATION          NO. OF APARTMENTS: 210
   OF DENSITY IN A          NO. OF HOUSES: 25
  MIXED-USE AREA
                            NON-RESIDENTIAL SPACE WITH RESIDENTIAL USE ABOVE:
                            COMMUNITY USE (150 ÷ 75 SQ M) = 2
                            COMMERCIAL USE (3,750 ÷ 75 SQ M) = 50

                            TOTAL: 210 + 25 + 2 + 50 = 287
                            NET SITE AREA = 2.5 HECTARES
                            DEVELOPMENT DENSITY = 115 DWELLINGS PER HECTARE
```

图5.72 在计算密度时纳入混合功能建筑中非居住功能的面积

高层建筑和高密度并不是一回事。图5.73所示9个街区的建筑面积和密度都是相同的，尽管其内部的街区规模和建筑高度各不相同。城市设计师不应只指定一个密度，而需要考虑什么样的建筑高度和街道模式才是合适的。

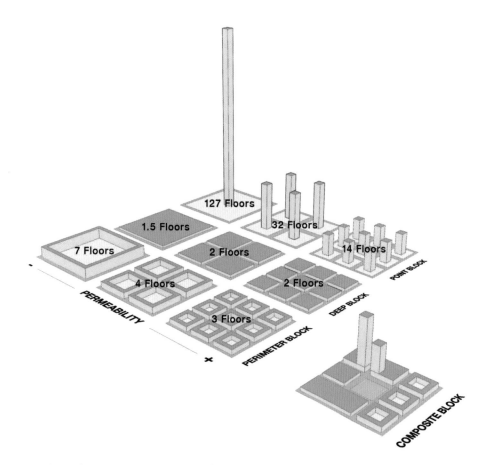

图5.73 密度、高度和街道模式：9个街区的建筑面积都是相同的

关于密度的讨论可能会变得复杂，但密度只是对单位土地上不同单元的衡量。城市设计师的问题始终是：我们要创造什么样的地方（图5.74）？

在本书的最后，让我们总结一些重要的观点：城市设计的十大要素。

城市设计的十大要素

1. 城市设计是对土地利用进行规划的过程，也是对城市、城镇和乡村发展的物质形态进行设计的过程（第1章）。

2. 城市设计的专业实践不是中立的：它能延续或减少社会不平等现象（第1章）。

3. 开发的八个设计目标：混合用途、适合目的、适应性和韧性、成功的公共空间、可达性和易寻路性、生物多样性、有效利用资源，以及美观（第2章）。

4. 我们可以尝试通过改变饮食习惯、停止使用一次性塑料制品或减少航空出行来减少对地球的影响，但以汽车为基础的发展正在将碳依赖纳入我们几代人的生活方式中（第2章）。

5. 理解地方文脉和特色是城市设计的核心。"特色"包含一个场所在其背景下的各个方面（第3章）。

6. 在每一个参与性进程中都要思考：谁会从中受益，谁在把控（第4章）？

7. 一个总体规划的失败往往是因为它未能解决各种职责、法规、政策、指导、标准、行为准则、资金制度、评估要求、审计、价值和实践之间的冲突。将总体规划视为一个过程，而总平面只是其中的一部分（第5章）。

8. 让我们突破传统的、以最终状态为导向的总体规划，探索新方法，让不同的人和组织在地区发展中采取渐进的更新。毕竟，在20世纪下半叶之前，大多数城市都是这样发展的（第5章）。

9. 设计规范可以是一套简单的设计原则，也可以是一套详细、精确，且带有规定性的规范（第5章）。

10. 对密度的考虑不应始于数字，而应思考什么样的建筑高度和街道模式才是合适的。简而言之：从场所开始（第5章）。

图5.74 这是位于埃塞克斯郡萨弗伦瓦尔登的一个住宅项目，由波拉德·托马斯·爱德华兹（Pollard Thomas Edwards）设计。该项目占地2.9hm²，可容纳76套住宅，大道两侧的住宅形成了一系列的庭院

第5章（149~200页）

1 In conversation with the author.

2 See Chapter 1.

3 Town and Country Planning Association (2020), *The Garden City Opportunity: A Guide for Councils* (London).

4 Quoted in Rob Cowan (2005), *The Dictionary of Urbanism* (Tisbury: Streetwise Press).

5 Department for Environment, Food & Rural Affairs (2020), *Enabling a Natural Capital Approach.*

6 Richard Simmons (2016), 'Built environment system services: an alternative to complete disagreement?; *Town and Country Planning,* October (London: Town and Country Planning Association).

7 Alastair Blyth and John Worthington (2010), *Managing the Brief for Better Design* (London: Routledge).

8 Manual for Streets (2007), (London: Thomas Telford Publishing); *Manual for Streets 2* (2010), (London: Chartered Institute of Highways and Transportation), which applies the principles more widely; and any subsequent versions.

9 Kelvin Campbell (2018), *Making Massive Small Change* (White River Junction, Vermont: Chelsea Green Publishing), p.9.

10 Kelvin Campbell and Rob Cowan (2016), *The Radical Incrementalist* (London: Massive Small).

11 Kelvin Campbell (2018), *Making Massive Small Change,* p.14.

12 Lean urbanism is an approach that depends on codes and regulations that are simpler and less restrictive than those of regular 'new urbanism; allowing small contractors and individuals to build in cities.

13 Metropolitan Workshop (2019), *A New Kind of Suburbia,* Prospects Paper 01, Practice Research Publication.

14 Rachel Cooper and Christopher T. Boyko (2012), *The Little Book of Density* (Lancaster: Lancaster University).

15 David Rudlin (1998), *Tomorrow: A Peaceful Path to Real Reform – The Feasibility of Accommodating 75 Per Cent of New Homes in Urban Areas* (London: Friends of the Earth).

16 Essex County Council and the Essex Planning Officers' Association (2018), *Essex Design Guide for Residential Areas* (Chelmsford: Essex County Council).

附录：
评估背景和特色的清单

评估背景和特色的清单

城市设计师需要理解与他们开展设计的地方有关的广泛的社会、经济、政治和文化问题。这个清单列出了许多需要考虑的议题。[1]这些议题不仅与背景评估相关，而且与城市设计的许多其他方面相关。在一个特定的案例中，哪些议题是重要的，将取决于具体情况。

1 形式与背景

1.1 自然环境

1.1.1 地质和土壤

1.1.2 地面条件和污染

1.1.3 地形

1.1.4 景观类型

1.1.5 生境

1.1.6 生物多样性

1.1.7 微气候

1.1.8 空气质量

1.1.9 噪声

1.1.10 水文

1.2 法律和政策背景

1.2.1 国家层面的法律和政策背景

1.2.2 区域和地方层面的法律和政策背景

1.2.3 需要遵守的法律、政策、导则、规定、义务、标准和先例

1.2.4 应当考虑的法律、政策、导则、规定、义务、标准和先例

1.2.5 在法律和政策的指导下做出周全的决定

1.3 历史、文化、社会和经济背景

1.3.1 历史

1.3.2 考古

1.3.3 建筑和城市特色

1.3.4 环境

1.3.5 气候变化

1.3.6 经济功能

1.3.7 市场条件

1.3.8 人口结构和社会模式

1.3.9 文化、传统和价值观

1.3.10 技术

1.3.11 生活方式

1.3.12 未来趋势

1.4 土地权属

1.4.1 产权类型（永久产权、租赁产权、共有产权）

1.4.2 产权在设计、开发和维护过程中的角色

1.5 城市形态

1.5.1 城市结构（整体模式以及道路和街区的等级）

1.5.2 地块尺寸

1.5.3 街道、公共空间和十字路口的类型（从林荫大道到乡间小道，从市政广场到十字路口）

1.5.4 密度与功能混合

1.5.5 建筑的规模（高度和体量）

1.5.6 外观和美感

1.5.7 边界处理

1.5.8 临街面和立面

1.5.9 屋顶形式

1.7.8　生态影响（包括碳足迹）

1.7.9　成本（包括整个生命周期）

1.8　绿地

1.8.1　植物

1.8.2　开放空间（公有的和私有的）

1.8.3　开放的水面（河流、湖泊和池塘）

1.8.4　喷泉和水景

1.8.5　防护带

1.8.6　树木

1.8.7　游戏区和设施

1.8.8　运动场地

1.8.9　（可租用来种植的）小块土地*

1.8.10　生产性景观

1.8.11　自然保护地

1.8.12　野生动物走廊

1.8.13　绿带

1.9　交通和可达性

1.9.1　街道、人行道和自行车道的网络

1.9.2　公共交通

1.9.3　交通管理

1.9.4　交通换乘点

1.9.5　交通计划

1.9.6　上学的安全路线

1.9.7　休憩场所

1.9.8　物流

1.9.9　住区和游戏街道

---

* 在英国，allotment 指的是城镇中人们可以租来种植物或蔬菜的小块土地。